咸水层二氧化碳封存

——建立预测和监测的信心

[挪] 菲利普·林格罗塞（Philip Ringrose） ◎著

窦立荣　吕伟峰 ◎译

石油工业出版社

内 容 提 要

本书根据工业规模项目的实施经验，梳理总结了二氧化碳咸水层地质封存的概念和相关技术，了解了二氧化碳储存容量的估算，分析了限制封存能力的主要因素，提出了如何优化现场监测方法的框架，探讨了如何有效使用最新的智能经济的监测方法组合，讨论了如何以高可信度证明短期和长期封存保障，从而建立预测和监测的信心。

本书可供石油天然气专业技术人员、环保专业技术人员，以及大专院校相关专业的师生参考。

图书在版编目（CIP）数据

咸水层二氧化碳封存：建立预测和监测的信心 /（挪）菲利普·林格罗塞（Philip Ringrose）著；窦立荣，吕伟峰译. -- 北京：石油工业出版社，2025.4.
ISBN 978-7-5183-7406-9

Ⅰ.X701.7

中国国家版本馆 CIP 数据核字第 2025D3B820 号

Storage of Carbon Dioxide in Saline Aquifers: Building Confidence by Forecasting and Monitoring
by Philip Ringrose
Copyright © 2023 Society of Exploration Geophysicists
The work is available in English for purchase from SEG: https://library.seg.org/doi/book/10.1190/1.9781560803959
Chinese translation edition Copyright © 2025 Petroleum Industry Press
The Chinese translation edition is published by arrangement with Society of Exploration Geophysicists

本书经国际勘探地球物理学会（Society of Exploration Geophysicists，SEG）授权石油工业出版社有限公司翻译出版。版权所有，侵权必究。

审图号：GS 京（2025）0273 号

出版发行：石油工业出版社
　　　　　（北京安定门外安华里 2 区 1 号　100011）
　　　网　　址：www.petropub.com
　　　编辑部：（010）64222261　图书营销中心：（010）64523633
经　　销：全国新华书店
印　　刷：北京中石油彩色印刷有限责任公司

2025 年 4 月第 1 版　2025 年 4 月第 1 次印刷
787×1092 毫米　开本：1/16　印张：8.5
字数：200 千字

定价：100.00 元
（如出现印装质量问题，我社图书营销中心负责调换）
版权所有，翻印必究

译者前言

应对碳排放导致的全球气候变化，实现碳中和已成全球共识。全球主要机构评估碳减排技术贡献，均表明碳捕集与封存（CCS）是保障实现碳中和的"兜底"技术。根据国际能源署 2021 年发布的数据，全球陆上理论 CO_2 封存容量为 6 万亿～42 万亿吨，是 2019—2060 年全球累计 CO_2 排放量的 5～37 倍，碳封存潜力巨大，深部咸水层是主要的封存空间。随着各国发布气候安全与低碳经济的政策和法案，净零承诺和不断上涨的碳税、碳交易价格发挥了引导作用，更多的石油公司开始在咸水层中开展 CO_2 封存，深部咸水层 CO_2 封存开始成为朝阳产业。根据国家"973 计划"对我国主要含油气盆地内 CO_2 地质封存潜力的初步评价结果，我国深部咸水层的 CO_2 理论封存潜力可达 6 万亿吨以上。因此，加强对深部咸水层 CO_2 封存的研究，是我国实现大规模 CO_2 封存的战略需求。

我国各大能源、化工企业正在积极投身于深部咸水层 CO_2 封存工作中。2010 年，神华集团在内蒙古鄂尔多斯开展 10 万吨 / 年 CO_2 捕集与封存工业化示范，自此拉开了我国深部咸水层 CO_2 封存的序幕。近年来，中国海油恩平 15-1 油田 CCS 试验项目、陕煤集团榆林化学有限责任公司 CO_2 咸水层封存先导试验项目、中国石油海南金凤 7× 区块咸水层 CO_2 封存试注试验项目相继投入运行。然而，在封存能力评估和安全监测等方面的技术仍不完善。为推动我国深部咸水层 CO_2 规模化长期安全封存，迫切需要跟踪学习借鉴国际相关经验，进一步深化咸水层 CO_2 封存相关的技术研究。《咸水层二氧化碳封存——建立预测和监测的信心》一书的翻译出版，正好满足了当前开展深部咸水层 CO_2 封存的需要，可为未来 CCS 技术和产业化发展提供重要参考。窦立荣、吕伟峰翻译和审定全书，高明、甘利灯、宋立臣、王明远、李政参与了本书校对整理工作。

最后，我们要感谢本书的作者，他为我们详细介绍了深部咸水层 CO_2 地质封存的机制、封存能力估算方法、封存的约束条件、地球物理监测方法、全球扩大规模的潜力和未来的挑战等重要内容。感谢 SEG 允许出版中文译本。感谢我国从事深部咸水层 CO_2 封存研究的同行们，文中很多术语的最终厘定与同他们的讨论和他们的真知灼见是分不开的。

英文版前言

温室气体减排是当今社会面临的一项重要问题，应对此挑战的一种解决办法是加速人为来源的二氧化碳在深部岩层的大规模封存，其他办法包括进一步扩大可再生能源的利用和提高能源利用效率。本书将重点介绍二氧化碳咸水层地质封存的概念和相关技术。尽管我们有几十年的工业规模项目实施经验，但碳捕集和封存（CCS）的发展历史喜忧参半，只在少数国家取得进展，而且经常因"过于昂贵"或鼓励进一步使用化石燃料而遭到反对。通常，这些针对CCS的负面印象是由于误解产生的，我们将简要讨论CCS的社会经济框架，并主要聚焦于对二氧化碳封存技术的理解。幸运的是，过去几年间随着不同国家、地区和工业部门开始意识到全球脱碳的紧迫性，人们对于能有效改善气候问题的CCS技术及其部署的兴趣逐渐增加。即使对可再生能源增长有着最乐观的估计，仍然需要通过CCS来削减难以降低的碳排放部分，以加速能源转型和实现负排放。为了支撑碳捕集技术及其规模的预期增长，需要加快发展新的二氧化碳封存项目，这是本书的主要动力所在。

本书根据几个工业规模项目获得的经验，梳理总结了支撑二氧化碳在深部咸水层中封存的科学技术；分析了限制封存能力的主要因素——受流体动力学、注入能力、压力变化和地质力学的约束，并使用此物理基础为确定如何优化现场监测方法提供了一个框架。对很多人而言，以下主题是二氧化碳封存令人兴奋和感到新奇的部分——如何有效使用最新的智能经济的监测方法组合（包括传统地震采集、无源地震监听、光纤传感和地球化学指纹）？此外，还讨论了如何以高可信度证明短期和长期封存保障。

最后，我们要解决的问题是，为实现具有气候意义的大规模CCS部署需要做些什么。尽管技术上可行，现有社会经济框架经常使封存项目难以落地。通过项目执行过程中建立的技术信心，可能会在未来数十年启动和实现所需的十亿吨级的封存规模。

目 录

1 地质封存二氧化碳的主要过程 ……………………………… 1
　1.1 关键概念 ……………………………………………………… 1
　1.2 封闭性和封存机制 …………………………………………… 6

2 理解二氧化碳封存能力估算 …………………………………… 17
　2.1 使用的主要原理 ……………………………………………… 17
　2.2 封存效率 ……………………………………………………… 23

3 理解封存的约束条件 …………………………………………… 32
　3.1 概述 …………………………………………………………… 32
　3.2 注入能力约束 ………………………………………………… 33
　3.3 地质力学限制 ………………………………………………… 37
　3.4 压力管理 ……………………………………………………… 43

4 优化地球物理监测方法 ………………………………………… 50
　4.1 监测概述 ……………………………………………………… 50
　4.2 地球物理监测方法 …………………………………………… 56
　4.3 优化和智能检测方法 ………………………………………… 77

5 全球扩大规模的潜力和未来的挑战 …………………………… 93
　5.1 构建碳捕集与封存的全球需求 ……………………………… 93
　5.2 解决泄漏风险问题 …………………………………………… 99
　5.3 CCS 项目规模化模型 ………………………………………… 101
　5.4 未来挑战的总结 ……………………………………………… 105

参考文献 …………………………………………………………… 109

致谢 ………………………………………………………………… 125

1 地质封存二氧化碳的主要过程

1.1 关键概念

首先，我们回顾一下二氧化碳地质封存的主要过程，重点是多孔沉积地层或咸水层中的封存。基本概念是将人为排放的二氧化碳捕集并封存在地下岩层中，如此就将二氧化碳与大气隔离。用于长期封存二氧化碳的岩层为孔隙性储层，这些储层中也可以含有水、原油和天然气。两种主要孔隙性储层为：

（1）咸水层；

（2）枯竭的油气藏。

其他可用于二氧化碳封存的孔隙性岩层有火山岩、煤层和页岩地层，但在这里不考虑，因为我们关注的是硅质碎屑岩层。对于关键的二氧化碳封存过程，我们将聚焦咸水层封存，并对枯竭油气藏封存进行一些讨论。

另一个基本概念是需要在较深处封存二氧化碳（>800m），确保其致密——为液态或超临界态（图1.1）。这对于封存效率很重要（高密度意味着更有效的封存），因此形成了一条被广泛接受的原则——二氧化碳封存深度需要大于约800m（尽管实际向液相的转变还取决于温度和局部地温梯度）。深度对于封存安全性也很重要，这又形成了一个基本概念——需要封存盖层。当接近约1km或更大的深度，就进入可能含有低渗封盖单元（如页岩、断层和盐岩单元）的压实或胶结岩石。在这些深度，根据经验知道天然气已经在地质盖层之下圈闭了几百万年，所以在这些深度封存二氧化碳显然是可能的。

建立封存靶区框架的基本概念——具有密封潜力的深部孔隙性岩层，然后开始论述辨识合适封存场所的具体问题。

任何二氧化碳封存项目的核心问题都是：

（1）在何处封存二氧化碳？

（2）能注入多少二氧化碳？

（3）能安全封存吗？

（4）能有效控制封存成本吗？

本书插图均系原文插图。

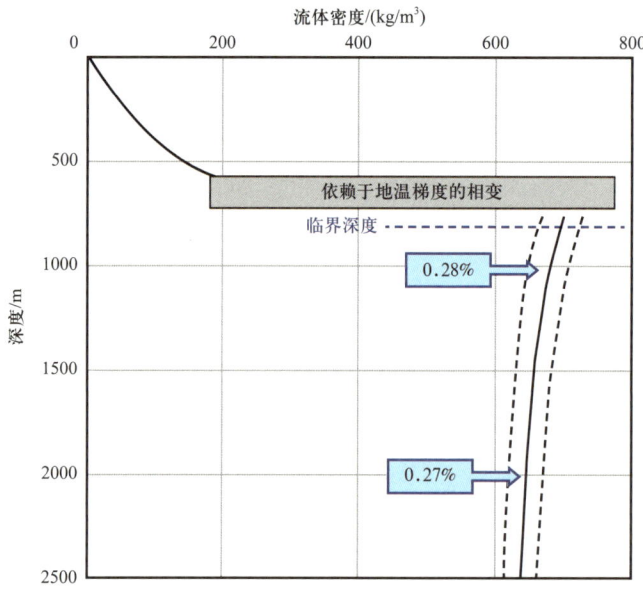

图 1.1 北海典型地下环境 CO_2 密度—深度关系图

实线为 Sleipner 的密度函数,假设地温梯度为 35℃/km(+2℃/km;黑色虚线)

这些一般性问题构成三个主要封存问题的基础(图 1.2):

(1)封存能力——在项目全生命周期内是否有足够的空间储存二氧化碳?

(2)注入能力——可以使用现有注入井达到足够的二氧化碳注入速度吗?

(3)封闭性——二氧化碳是会一直停留在地质封存单元内,还是会运移至另一套地层,甚至泄漏?

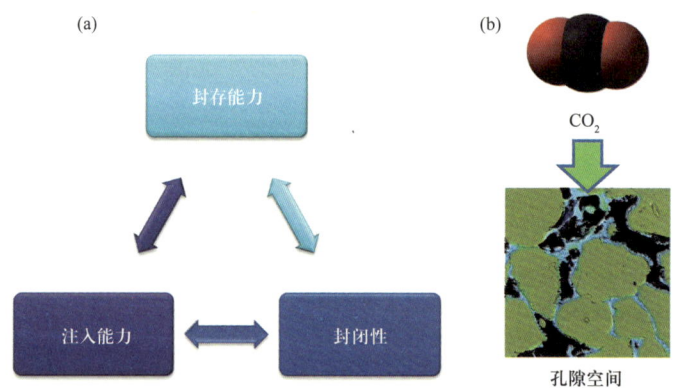

图 1.2 (a)CO_2 地质封存的三个关键封存要素以及(b)使孔隙空间得到有效利用

我们将在随后章节更详细地论述这三个技术问题。这里,将这些关键问题与二氧化碳封存项目的主要阶段联系起来是有益的(图 1.3):

(1)封存场所的选择和开发;

(2)封存场所的运行;

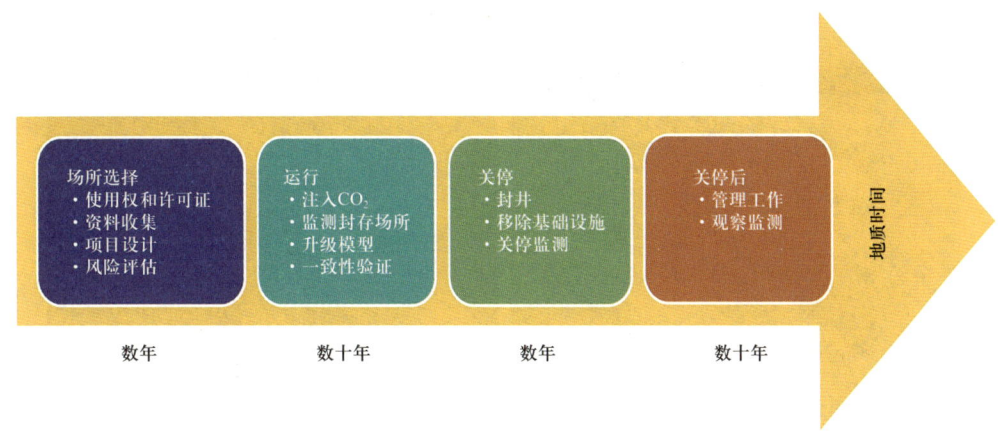

图 1.3　CO_2 封存项目总时间线

（3）封存场所的关停；

（4）封存场所关停后的管理工作。

当然，这三个关键封存问题在各阶段都很重要。但在封存场所选择阶段，最重要的问题是封存能力。在封存场所运行阶段，注入能力则最为关键。在封存场所关停和关停后阶段，封闭性则成为核心问题。

在选址和开发阶段，也有成熟和完善的原则。随着获取的数据越来越多（来自区域性刻画和表征研究、封存场所调查以及勘探井和评价井钻探），关于封存能力、注入能力和封闭性估算的不确定性逐渐降低到一个可以接受的程度，此时就可以做出推进项目时间节点实施和运行封存场所的决定。如果在封存场所开发和表征阶段对这些问题的研究表明其可行性低于某一阈值（封存能力或注入能力比所需的小，或密封屏障比较薄弱），这时放弃这个封存场所是合适的决策。

岩系很复杂，在多个尺度上具有可变性（图 1.4），因此，需要一种确定封存体系及其周围容积的方法。定义几个描述和包含封存场所的关键术语非常重要：

（1）拥有封存单元的沉积盆地；

（2）明确了封存储层和封盖层的封存复合体（图 1.5）；

（3）封存单元本身，是指特定的地质单元；

（4）具封闭性的地层和断层；

（5）明确作为项目或封存场所的研究区（如评估区、封存场所的边界区、监测区或调查区）。

关于二氧化碳封存的有关规定，封存复合体是一个需要定义的关键指标（图 1.5），在欧盟碳捕集与封存指导文件（EC 2009；附录 1）中定义为：应积累足够的数据，构建封存场所和封存复合体的体积和三维静态地球模型，包括盖层、周围地区（包括水力连通区）。

图 1.4 多种尺度下的岩石结构

（a）挪威 Tilje 组岩心纹层尺度渗透率变化，其中红色调表示渗透率大于 1D，蓝色调表示渗透率小于 100mD；（b）具有断层泥和黏土涂抹的正断层（埃及西奈）；（c）潮汐三角洲沉积构造（格陵兰岛 Niell Klinter 组）；（d）断裂泥盆系硅质碎屑层序（东格陵兰詹姆森地）

欧盟指导文件定义"泄漏"意为"任何来自封存复合体的二氧化碳释放"，而"严重违规"意为"注入或封存作业、或封存复合体本身的任何不规范"，这表明存在泄漏风险，对环境或人类健康存在风险。

美国环境保护署（EPA）Ⅵ级二氧化碳注入许可程序中使用的概念稍有差异，主要的目的是：确保注入的二氧化碳密封在注入区域，防止污染饮用水的水层。

这就要求注入区域具有足够的面积、厚度、孔隙度、渗透率以及不存在可渗透的断层和裂缝，同时有足够的范围和完整性，可以容纳注入的二氧化碳和被驱替的地层流体。EPA Ⅵ级规定还定义了评价区（AoR），此区域内注入的二氧化碳可能从注入区域逃逸到上覆地层或大气。AoR 被定义为以下二者中的较大者：① 游离态二氧化碳羽流的最大范围；

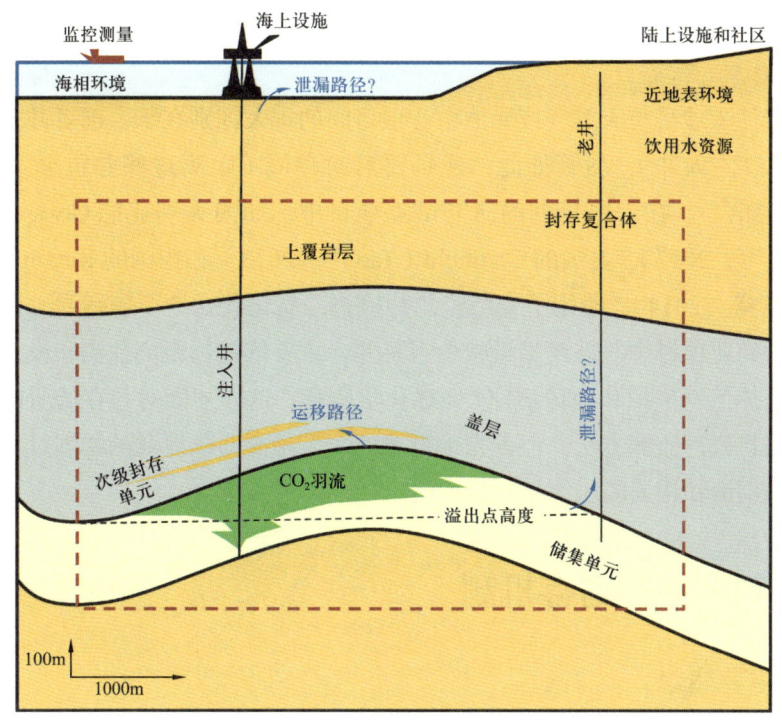

图 1.5 CO₂ 封存复合体示意图

这是一块体积巨大的岩石，包括一级和二级封存单元、溢出点、盖层系统、断层和井；运移被定义为封存复合体内的 CO_2 流动，而泄漏被定义为 CO_2 流出封存复合体

② 咸水可通过泄漏井、断层或封闭带破裂处运移至上覆饮用水层（USDW）的压力边界最大范围。

尽管两个体系在法律规定方面存在差异，但二者都要求定义和评估比注入区域大得多的岩石体积和密封系统，并明确定义了要评估和避免的泄漏风险。

评估提议的封存项目相关风险时，有一套工作要求大致包括：
（1）对封存场所特征的详细描述；
（2）模拟和评估封存的二氧化碳未来可能的变化；
（3）量化评估有关风险的方法；
（4）在可接受的风险程度下决策。

Pawar 等（2015）对二氧化碳地质封存的风险评估和风险管理进行了有益的回顾，认为在具有合适的封存系统表征研究基础并且已获得许可的封存系统中实施项目的风险极低，已拥有全球成熟项目的足够经验和风险评估程序。更多的时候，不是技术风险导致项目失败，主要的风险是市场失败风险和缺乏有效沟通。也就是说，真正的挑战在于阐明并传递二氧化碳封存的益处，技术风险一般很小而且可控。

然而，在处理关于二氧化碳封存场所安全作业和管理的"如果……会怎么样"的问题时，以下做法是非常有帮助的——清晰理解涉及的物理过程，解释从早期项目中学到了什么。

二氧化碳注入项目与天然气或原油生产项目间的重大区别在于，前者井控少得多（例如，1口或2口注入井），尽管如此，还是要对封存域（距离这些井很远）中仍有二氧化碳保持一定信心。在一些早期的研究试点项目中，如澳大利亚的Otway（Sharma等，2011；Jenkins等，2017）、美国的Cranfield（Tao等，2013）和德国的Ketzin（Ivanova等，2012；Martens等，2014），使用了专用监测井检查二氧化碳在地下的行为。但是，在一般和更大规模的商业项目中，需要尽量减少观察井，主要依赖远距离探测和模拟方法。即需要联合使用流体流动模拟和地球物理/地球化学监测，这样才能对封存场所的选择有足够的信心。我们将讨论监测方法，但首先很重要的一点是要回顾涉及的物理过程，这样就能理解二氧化碳羽流和相关的压力足迹的本质。

1.2 封闭性和封存机制

1.2.1 主要概念

"封闭性"问题主要涉及几种二氧化碳封存和滞留在地下的机制。

对这些机制，有很多分类方法，但从根本上讲，可以分为物理因素和化学因素：

（1）与盆地尺度过程相关的物理封存机制包括：区域构造、盆地史、流体流动和压力分布；

（2）与注入单元几何形态相关的物理封存机制：受封存复合体岩石结构、涉及的构造封存系统和地层封存机制的控制；

（3）与流体流动相关的封存机制，主要为：① 流体间毛细管界面，② 作为残余相束缚的二氧化碳；

（4）地球化学封存机制，主要为：① 二氧化碳在咸水相中的溶解，② 二氧化碳以矿物相沉淀。

政府间气候变化专门委员会（IPCC）的特别报告中（Metz等，2005；按第5章）将这些机制从概念上进行了总结，做出封存机制—时间图 [图1.6（a）]，说明了不同封存机制协同作用（作为时间的函数）增加了封存安全性。这些封存机制为：① 构造和地层封存，② 束缚封存，③ 溶解封存，④ 矿化封存。

这些过程的速率及其相对重要性争议很大，前人已有论述（Bradshaw等，2007）。可是，普遍认为从定性角度讲这个概念是正确的，这很大程度上取决于每个封存场所的具体情况（Frykman，2022）。图1.6（b）基于咸水层封存二氧化碳的一般项目经验，给出了这些封存机制随时间变化的示意图。随后的章节里，我们将简要回顾定义和估算这些过程的原理，这些原理在图1.7中进行了总结。

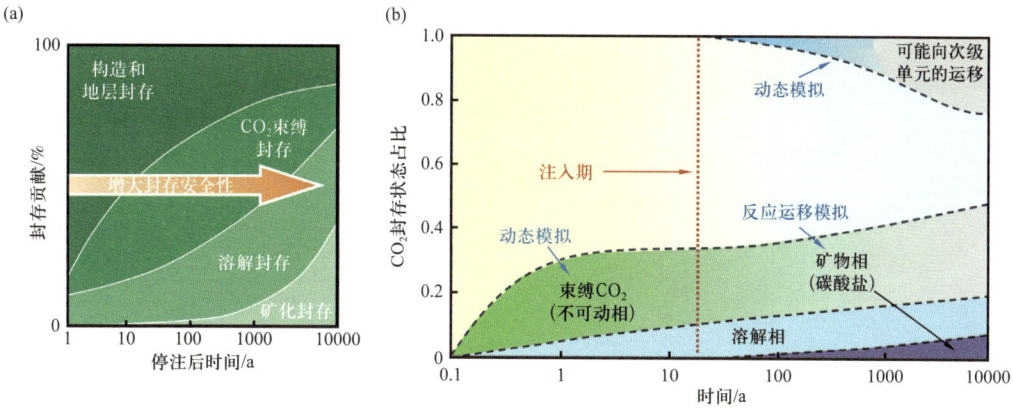

图 1.6　咸水层 CO_2 封存机制随时间变化的示意图

（a）IPPC 报告中提出的原始概念图（Metz 等，2005）；（b）基于咸水层项目经验改进的框架

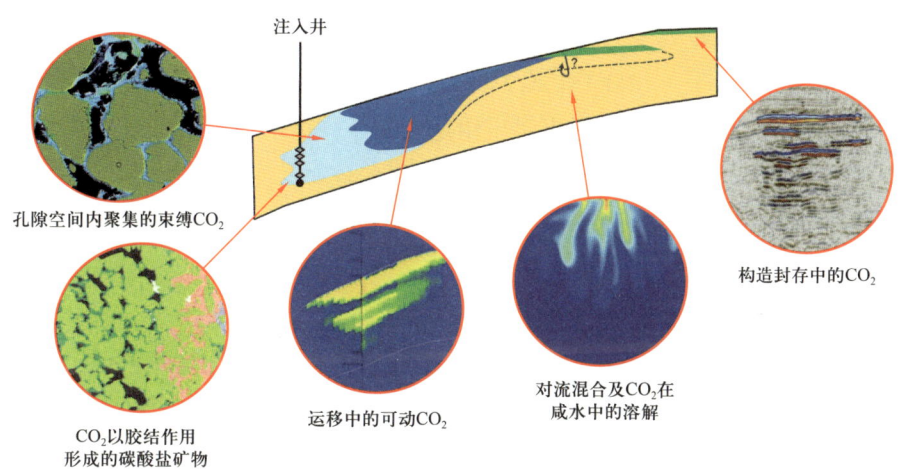

图 1.7　有倾角的咸水层单元中 CO_2 封存机制示意图

1.2.2　毛细管力作用下的封存

构造和束缚封存取决于多孔介质中两种流体间的界面张力引起的毛细管力作用下封存的物理过程（图 1.8）。界面张力作用作为一种控制地下油气或二氧化碳聚集规模的重要现象，其作用已被广泛证实，该原理适用于水湿介质中任何可上浮的非润湿相。Berg（1975）将盖层岩石毛细管吸入压力克服重力保留的气柱或油柱高度 z_g 定义为

$$z_g = \frac{2\gamma \cos\theta \left(1/r_{cap} - 1/r_{res}\right)}{g\left(\rho_w - \rho_g\right)} \quad (1.1)$$

其中，r_{cap} 和 r_{res} 分别为盖层和储层的孔喉半径；γ 为界面张力；θ 为流体接触角；ρ_w 和 ρ_g 分别为水和气体的密度。

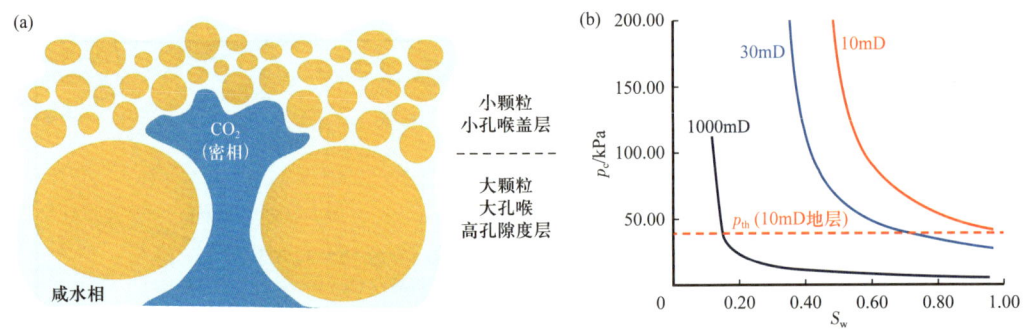

图1.8 （a）在大颗粒大孔喉高孔隙度层与小颗粒小孔喉盖层界面上，毛细管力封存CO_2的示意图；（b）渗透率为1000mD和10mD的地层分别对应的毛细管压力（p_c）曲线，其中红色虚线表示CO_2侵入低渗透层所需的启动压力（p_{th}）（假设IFT=33mN/m），30mD曲线与已进行详细流动性能分析的实际CO_2封存岩心样品匹配（岩塞6；Lopez等，2011）

这有助于估算盖层单元下封存可上浮流体的潜力，式（1.1）可用于根据烃柱高度估算CO_2柱高度。Naylor等（2011）汇编了一定的压力和温度范围下测量的界面张力数据，比较了CO_2柱和烃气柱的高度，提出对于给定盖层条件下的柱高比计算方法，可以比较CO_2柱和烃气柱。他们观察到：

（1）纯CO_2/水体系的毛细管吸入压力最高可比天然气/水体系的毛细管吸入压力低50%；

（2）但由于CO_2密度高，其浮力低；

（3）这些影响往往相互抵消，因此CO_2柱和CH_4柱高度大致相同（尽管前者通常稍低）。

多个研究中已经使用这个原理评估封闭断层下（Karolytė等，2020）或泥岩盖层下（Nhabanga和Ringrose，2022）二氧化碳的滞留量。

同样的原理也在孔隙尺度上用于储集单元内非润湿流体的毛细管力封存（图1.7）。较小的CO_2柱可以滞留在次要的封隔层后，就像大的CO_2柱滞留在主要的盖层封闭单元之下。这一现象的理论基础通常由毛细管力方程的无量纲形式给出（Leverett，1941），

$$p_{cD} = \frac{\Delta \rho g h}{\gamma}\left(\frac{K}{\phi}\right)^{1/2} \quad (1.2)$$

其中，p_{cD}为毛细管力p_c的无量纲表示形式；$\Delta\rho gh$为流体浮力；γ为界面张力；K为渗透率；ϕ为孔隙度。然后，通过K/ϕ定义不同岩石单元的毛细管压力曲线。毛细管压力p_c也是流体饱和度的函数，对于大部分饱和度范围，一般遵循指数关系$p_c = S_e^{-x}$。毛细管压力函数的广义形式由下式给出（基于Brooks和Corey，1964）

$$p_c = C\gamma S_e^{-1/\lambda}\left(\frac{\phi}{K}\right)^{1/2} \quad (1.3)$$

其中，S_e 为润湿相有效饱和度；λ 为孔径分布指数。

一般假设 $\lambda=1.5$，与对数正态孔径分布对应（Ringrose 等，1993）。这里，S_e 是在润湿相束缚饱和度 S_{wirr} 和最大含水饱和度之间归一化的润湿相饱和度。

这使得不同的毛细管压力（p_c）—饱和度函数可以应用于不同的流体和岩石系统[图 1.8（b）]。此函数更为复杂的形式为 Van Genuchten（1980）模型，此模型更常用于水文学，可以更好地适用于润湿相刚进入孔隙空间时的高含水饱和度情况。Parker 等（1987）对这些函数进行了更全面的讨论，但这里仅讨论 Brooks 和 Corey（1964）的模型。

p_c 函数可预测[基于式（1.3）]不同性质的岩石中非润湿相的毛细管力束缚封存将如何表现。如果考虑二氧化碳注入渗透性砂岩的情况，则低渗透性岩石单元（薄层）含水饱和度更高（由于毛细管力作用），将倾向于束缚已进入高渗层的二氧化碳。图 1.8 对此进行了示意性说明，并由 Krevor 等（2011）在图 1.9 的实验中证实。

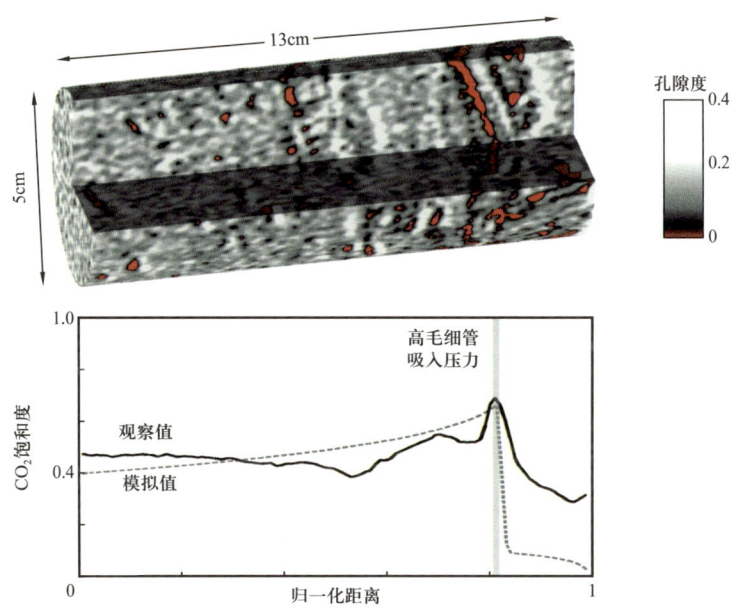

图 1.9　在具有渗透性的砂岩中，高饱和度的 CO_2 聚集在高毛细管吸入压力带上游；低渗透层的非均质性导致 CO_2 的封存量比预期的单纯靠孔隙尺度毛细管力作用封存的 CO_2 更多，这也有助于强化水层中的 CO_2 封存（据 Krevor 等，2011，修改；图片由 S.Krevor 提供）

使用多个实验测量结果（岩心样品分析），可以测量不同岩石类型的毛细管力束缚特性。图 1.10 汇总了一系列初始 CO_2 饱和度下束缚 CO_2 饱和度的测量结果（Krevor 等，2015）。从这些数据中，我们注意到束缚 CO_2 饱和度可能至少为孔隙体积的 10%，通常为 20%～40%，这取决于岩石性质和渗吸前的初始饱和度。

二氧化碳进入储集单元后，将被黏滞力挤入地层中，之后由于重力向上运移。由于孔隙尺度的二氧化碳封存作用，运移的二氧化碳羽流将留下束缚 CO_2 的痕迹。很重要的一点是要理解二氧化碳进入充满水的孔隙空间，开始是一个驱替过程（由对应的毛细管压力

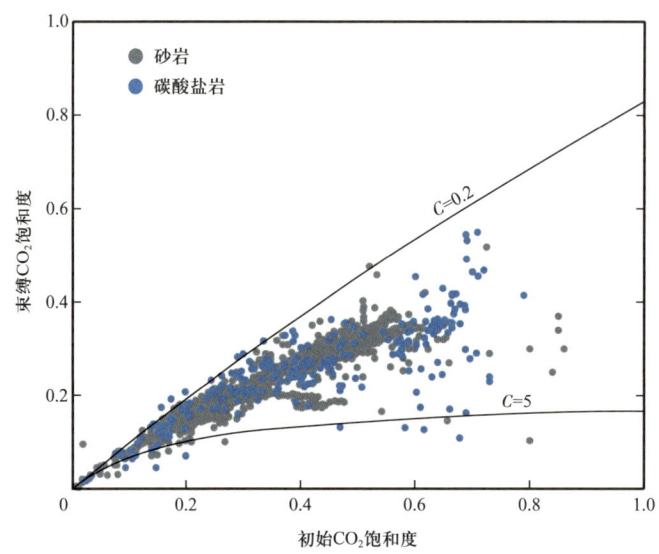

图 1.10 一系列初始 CO_2 饱和度范围下砂岩和碳酸盐岩的束缚 CO_2 饱和度测量结果汇总
（据 Krevor 等，2015，修改；图片由 S.Krevor 提供）
C 是 Land 模型参数，表示初始 CO_2 饱和度和束缚 CO_2 饱和度的关系

曲线控制），而位于运移的二氧化碳后面的水进入孔隙空间则是一个渗吸过程（由不同的毛细管压力曲线控制），Krevor 等（2015）对此已进行了解释。束缚程度受几个因素控制，特别是孔喉尺寸分布、岩石非均质性、界面张力和润湿性。通常可假设二氧化碳在砂岩储层中为非润湿相，一些情况下可能为部分润湿特性，特别是在碳酸盐和黏土矿物表面。流体接触角也随压力、温度和流体组成变化。

需要一组相对渗透率曲线来模拟流动过程。图 1.11 是一个 CO_2—咸水相对渗透率曲线的例子，测定了驱替和渗吸过程的相对渗透率，测量得到束缚 CO_2 饱和度为 22%（S_w=0.78）。但是，束缚饱和度不仅受孔隙尺度控制，还依赖于岩石非均质性和流体力学性质，因此最好使用动态流动模拟计算 CO_2 束缚封存量（尽管解析方法也可以使用）。而且，为了形成束缚封存，二氧化碳必须运移形成羽流，而对于构造圈闭内二氧化碳的重力稳定体和从顶部开始充注的情况，则基本没有束缚封存体积。

1.2.3 地质控制和封存场所表征

鉴于对控制二氧化碳封存机理的流体物理学有很好的理解，有必要强调的是（对一些人来说可能显而易见），最终控制二氧化碳封闭有效性和封存机理的是地质系统，因此在任何实际的二氧化碳封存项目中，需要尽可能开展现场评估和储层表征（Gibson Poole 等，2008）。也许不太明显的是，地质系统的多尺度特性要求必须评估许多不同的地质过程和现象，以评价各种封存机制。这反过来又意味着，地质表征工作必须包含盆地尺度过程、构造地质、沉积地质和小尺度岩石物理分析（图 1.4）。

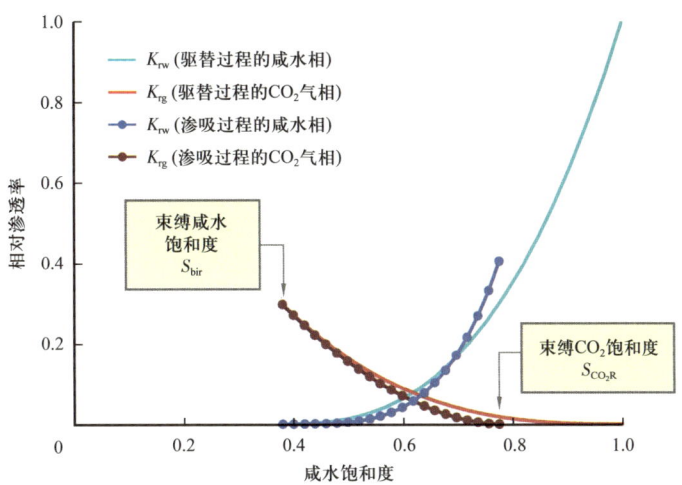

图 1.11　CO_2—咸水相对渗透率曲线（据 Bennion 和 Bachu，2006）

Cardium 砂岩；IFT=56.2mN/m

基于油气田开发经验，石油工业界对封存场所的表征已建立了一套被广泛认可的工作流程。然而，二氧化碳封存项目一般没有财政激励，可能很难解决封存场所表征工作所需的大量前期投资问题。即便如此，仍然可在成熟的沉积盆地储层表征的前期工作基础上建设二氧化碳封存项目，因为在很多油气盆地中也发现其具有封存二氧化碳的潜力。用同一个场所进行油气开发与二氧化碳封存带来诸多优势，包括可共用设施、勘探井和地震数据。图 1.12 展示了一些用于 In Salah 二氧化碳封存场所表征的数据。但是，即便基于前

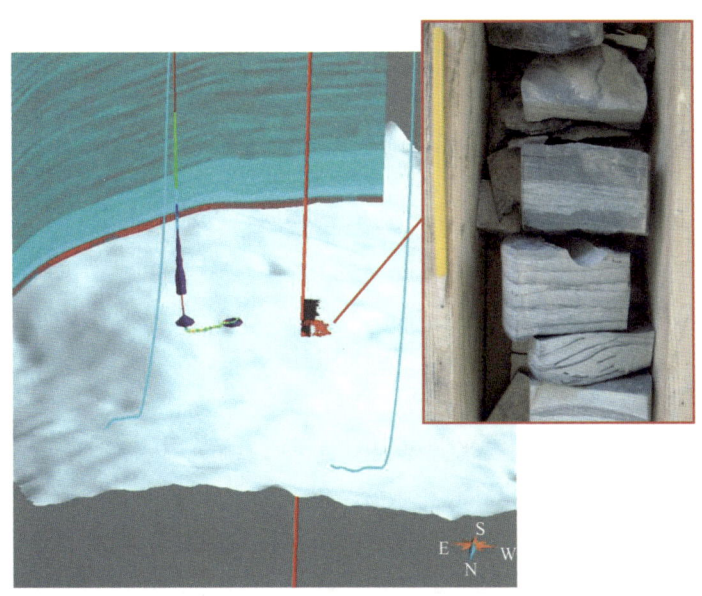

图 1.12　In Salah CO_2 封存场所现场特征数据集示例

CO_2 注入井（蓝色）、孔隙度评价井（红色）、井径（灰色）、自然伽马（彩色）测井、注入前 CO_2 气体分布（紫色）；岩心样品（插图）；剖面图显示了根据地震和井数据估算的储层和盖层孔隙度，表层图为通过地震资料绘制的储层

期为开发油气系统而建立的二氧化碳封存场所的表征和描述数据很重要，也不意味着无须再针对二氧化碳封存而专门收集数据（涵盖三个主要问题：封存能力、注入能力和封闭性）。

进行场所表征时，我们不应该忽略一个简单事实，即二氧化碳是封存在地下岩层孔隙中的。这称为孔隙空间表征，涵盖了一套广泛的岩石物理和岩石学方法、用来量化岩石孔隙性质，不仅包括孔隙度和渗透率等基本物性，还包括更复杂的物性，如孔隙表面矿物学、化学反应能力、孔喉大小分布和润湿性等。图1.13展示了In Salah CO_2 封存项目中部分孔隙尺度表征工作的实例（Lopez等，2011）。这个例子中包含了不同岩石类型、孔隙类型下的流动特征（孔隙度、渗透率、CO_2/水相对渗透率、端点饱和度）。研究发现，细小孔隙包覆的黏土矿物（绿泥石）对宏观流动性影响很大。

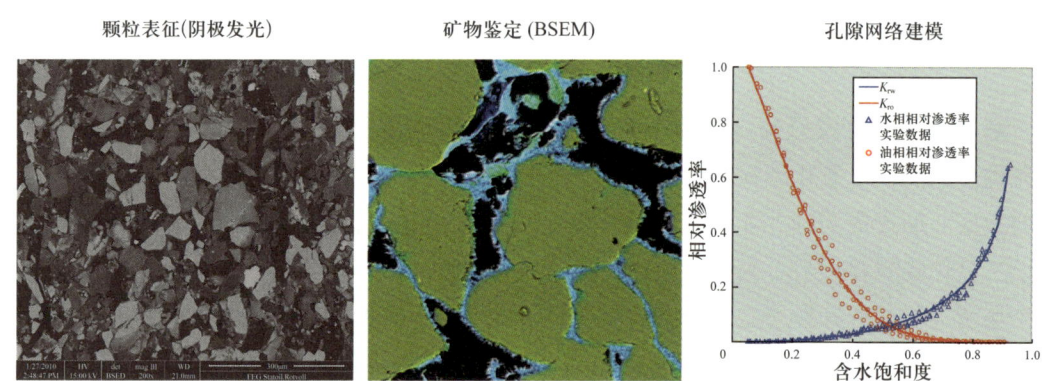

图1.13　In Salah CO_2 封存项目中已完成的部分孔隙尺度表征工作的实例（据Lopez等，2011）
包括岩心颗粒和孔隙（阴极发光）的岩石学分析及背散射扫描电镜（BSEM），以鉴定孔隙结构和矿物特征，并通过孔隙尺度建模估算不同岩石类型的相对渗透率曲线［图片由艾奎诺公司（Equinor）提供］

1.2.4　地球化学作用下的封存过程

二氧化碳是一种地下岩石系统中自然存在的物质，以地下水中的溶解组分和游离/可动气相赋存。自然存在的二氧化碳的来源主要有：① 源自深部地幔的火山系统的二氧化碳（Gilfillan等，2008）；② 深埋的有机质生成的气体。北美地区用于提高采收率项目的天然二氧化碳（例如，新墨西哥州的Bravo穹隆、科罗拉多州的Sheep山）主要来自地幔。

此外，二氧化碳还有多种生物来源，包括有机质分解、甲烷生成（产甲烷微生物的副产物）、油田生物降解、烃类氧化和海相碳酸盐的脱二氧化碳作用。

二氧化碳是一种地球碳循环必需的分子，由各种自然和人为的化学反应生成和消耗。最重要的自然化学反应之一就是碳酸盐溶解，例如，当海洋生物的多壳物质溶于酸时（雨水是微酸性的），生成 CO_2，如下式所示：

$$CaCO_3（固相）+2HCl（水相）\longrightarrow CaCl_2（水相）+CO_2（气相）+H_2O（液相） \quad (1.4)$$

当地表水饱和二氧化碳时，碳酸钙会反应生成碳酸氢钙，这是碳酸盐岩地层风化的一个重要反应，形成了石灰岩洞，使水垢在存在硬水的地区沉淀。最简单的碳酸盐风化作用为

$$CaCO_3 + CO_2 + H_2O \longrightarrow Ca(HCO_3)_2 \quad (1.5)$$

相反，当氢氧化钙（波特兰石的主要成分）与空气或水中的二氧化碳反应时，可能会形成碳酸盐矿物。这是混凝土和固井水泥中的一个重要反应：

$$Ca(OH)_2 + CO_2 \longrightarrow CaCO_3\downarrow + H_2O \quad (1.6)$$

这些反应可能会使人猜测向地下注入 CO_2 会产生剧烈的溶解和沉淀反应。但自然模拟（Baines 和 Worden，2004）的地质数据表明：

（1）当向纯石英砂岩加入二氧化碳时，地层水一旦二氧化碳饱和，注入的二氧化碳即以游离相存在；

（2）当向碳酸盐岩（或含碳酸盐胶结物的岩石）注入二氧化碳时，碳酸盐矿物会发生部分溶解，同样地层水一旦饱和了二氧化碳，注入的二氧化碳即以游离相存在。

来自早期二氧化碳封存项目（如 Sleipner、In Salah 和 Snøhvit）的经验表明，地球化学反应慢而且很轻微（Carroll 等，2011；Black 等，2015），几乎所有二氧化碳都以游离相（液相、气相或密相）形式存在。在来自一个天然二氧化碳气藏（富二氧化碳气田）的数据分析中，Wilkinson 等（2009）表明在数千万年以后，70%～95% 的二氧化碳以游离相存在，仅有约 2.4% 的二氧化碳以矿物相封存，差不多相同的量溶于孔隙水。总的观点是，当新的二氧化碳被注入地下时，确实会发生溶解和沉淀反应，但二氧化碳会迅速与原位孔隙水建立新的化学平衡，之后的反应速率就变得很慢。但是，二氧化碳在咸水相中的溶解可能是显著的（这将在下面讨论）。

二氧化碳与黏土矿物接触时，可能发生的反应及其带来的影响则变得颇为复杂。Busch 等（2008）对页岩中封存的二氧化碳进行分析发现，气体吸附作用可能会使得大量二氧化碳封存于页岩层序中。然而，将二氧化碳固定于矿物系统与多种过程有关，包括水溶性、地球化学反应和在黏土矿物表面的物理吸附。地球化学反应，例如硅酸盐矿物溶解和碳酸盐矿物沉淀可能对页岩的孔隙度、渗透率及扩散性质有显著影响。

综上，对二氧化碳在咸水层封存的地球化学方面的机理进行总结，一部分注入的二氧化碳可能会发生矿化封存，但反应速率很慢。碳酸盐矿物也可能发生溶解，但同样速率很慢。因此，评估潜在的地质封存场所，需要对这些过程进行具体的评估，通常最为关注的是井筒环境中的反应。对于碳酸盐岩储层中注入二氧化碳尤为如此，因为地球化学反应可能改变岩石性质（Seyyedi 等，2020），特别是渗透率可能明显增大的近井筒区域。长期或大规模影响的现场经验有限，但实验研究表明，对碳酸盐岩地层地球化学反应开展评估是非常重要的（Izgec 等，2008；Siqueira 等，2017）。这个情况与玄武岩地层中的二氧化碳

封存大不相同，Gislason 等（2010）和 Matter 等（2016）在冰岛的 CarbFix 项目表明，矿化作用可能是玄武岩地层中主要的封存机制。

1.2.5 二氧化碳溶解

二氧化碳封存项目最重要的地球化学反应为二氧化碳溶解于咸水相中。这个过程对于辅助和稳定长期封存有重要潜力，但对其效果的估计差别极大。我们知道，咸水相内二氧化碳的分子扩散速率很慢。我们也知道，CO_2—咸水界面处对流混合快得多，因此对二氧化碳溶解速率起主导作用（图1.14）。要开始对流混合，必须形成一个扩散边界层，而且在对流发生前此边界层厚度要达到临界厚度。基于对实验数据的数值分析，Riaz 等（2006）估算了对流开始的临界时间（t_c）为 10d～2000a，这是一个很大的范围，但也说明了临界时间有很大的不确定性。在实践中，地层流体条件（如温度和盐度）和详细的地质结构将决定这个过程的速率［有关这些过程控制的更详细讨论参见 Hassanzadeh 等（2007），Pau 等（2010），Niemi 等（2017，第 5 章）］。对于 Sleipner 项目，我们有完善的关于羽流生长的监测数据，实际的地层中二氧化碳溶解速率可能在每年 0.5%～1%，20 年后则在 10%～13%（Ringrose 等，2021）。这个二氧化碳的溶解程度也与近期实验室测定的二氧化碳在多孔介质的溶解速率一致（使用原位条件下的超临界二氧化碳），结果显示，5 年后，二氧化碳层下有 0.5m 厚的二氧化碳饱和水层，这意味着在 Sleipner，20 年后预期二氧化碳饱和的水层厚度为 2m（Amarasinghe 等，2019）。Leslie 等（2021）汇编了来自多个项目、

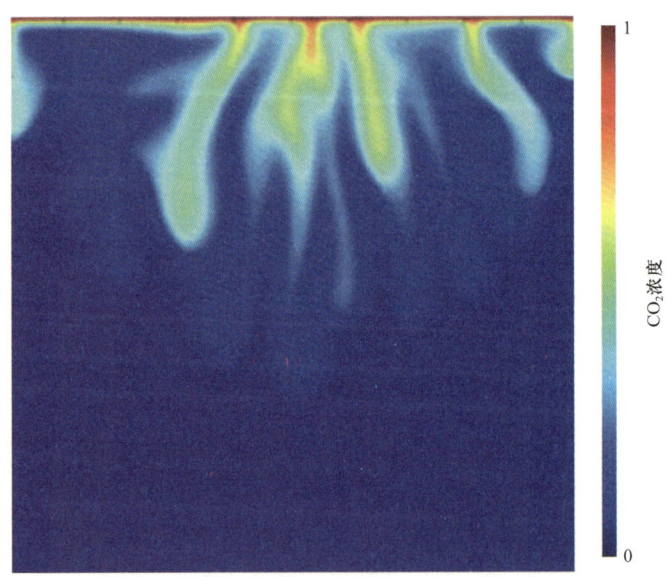

图 1.14 溶于咸水中的受密度驱动的 CO_2 自然对流模拟（据 Ranganathan 等，2012）

顶部（红色）为初始扩散边界层，密度较大的 CO_2 饱和层形成重力指进并沉入含水层；这里显示的示例在无量纲时间 t_d=0.00075 时，瑞利数为 10000；色度标也是无量纲的

模型和类比分析中的二氧化碳溶解比例（溶解封存）观测结果，如图 1.15 所示。请注意数据如何分为三个趋势：① 高速率和高影响，几千年内溶解比例为 60%～80%；② 适度的速率和影响，数万年内溶解比例达 30%～40%；③ 低速率和低影响，10 万年内溶解比例少于 20%。图 1.15 所示的最佳拟合虚线是近似的，在非对数空间中绘制为指数衰减曲线。基于 Alnes 等（2011）的重力数据，估算的 Sleipner 处的溶解封存程度与其他封存场所模型研究结果相比处于中间水平。未来应用到其他封存场所时，在这些观察结果和模型基础上还需要进一步研究，使其更具预测性。

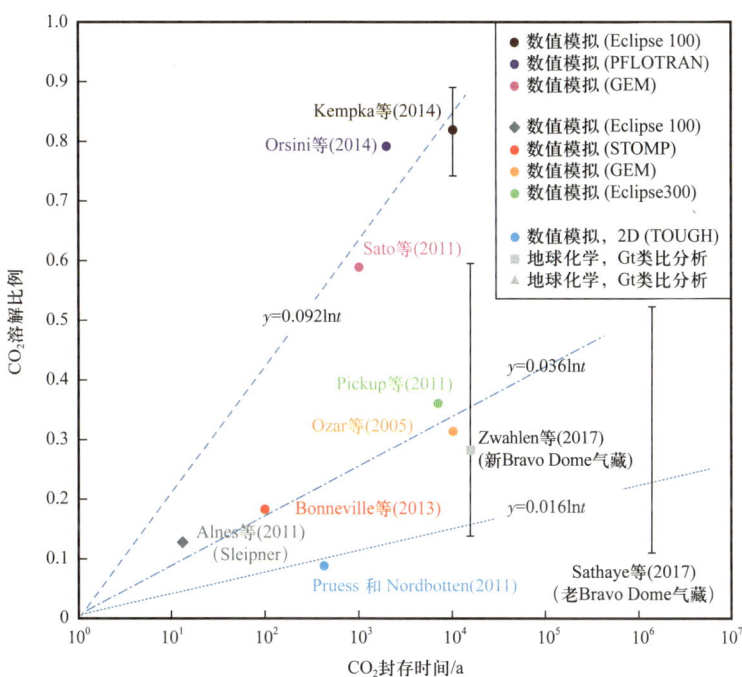

图 1.15　汇编的数据集显示了随时间变化的 CO_2 溶解比例的多种估计结果（据 Leslie 等，2021）
在数值模拟结果中，得到的溶解比例估算结果是基于模拟时间的，而在类比分析中，则是基于停留时间；地球物理案例的数据结果则是基于 Sleipner 的重力反演研究得到的［有关数据来源和进一步的解释请参阅 Leslie 等（2021）］

1.2.6　小结

总而言之，现在已经很好地理解了二氧化碳封存相关的过程和机制，但每个过程的相对速率具有较大的不确定性，通常受封存场所影响很大。

图 1.7 展示了一些通用的二氧化碳封存机制，但在每种情况下都不完全相同，会有各自不同的图。对于咸水层封存，已经很清楚地知道了各类封存机制及其相对重要性，大体如下：

（1）二氧化碳羽流扩大和运移（流动性）；

（2）流体密度的影响（浮力）；

（3）构造和地层封存（短期和长期）；
（4）束缚封存程度；
（5）咸水中的二氧化碳溶解（溶解封存）；
（6）二氧化碳矿化作用（矿化封存）。

在很多对二氧化碳封存场所的研究中，只研究了以上列举的前几项，最后两项往往被忽略了。随着项目不断成熟，对溶解封存和矿化封存的定量评估就变得越来越重要。同样值得一提的是，对于碳酸盐岩或玄武岩类型的封存单元，矿化封存可能更为重要，因此需要从一开始就进行评估。

在接下来的几章中，有多种方式使用封存场所监测数据改善和校准我们的封存模型，量化各种封存机制。这就是我们接下来要讨论的——如何通过高质量数据集得出更好的预测，比如 Sleipner 的时移地震数据。

2 理解二氧化碳封存能力估算

2.1 使用的主要原理

2.1.1 二氧化碳量和排放

大多数二氧化碳捕集和封存相关的项目都涉及百万吨级的二氧化碳。这与烃类工业形成了鲜明对比,后者通常指的是以桶(或标准立方米)计的石油和以十亿立方英尺(或标准立方米)计的天然气。因此,一吨二氧化碳是一个什么概念?我们用质量统计二氧化碳的根本原因是其体积依赖于压力和温度。因为质量 = 体积 × 密度,在标准地表条件下,1t 二氧化碳的体积为 534m³;然而,在大约 1km 的深度(大致对应 Sleipner 项目的注入点),1t 二氧化碳的体积仅为 1.43m³(假设密度为 700 kg/m³),这说明了地下封存的有效性。

精确计算 1t 二氧化碳在地下的体积取决于很多因素,特别是对地层压力和温度的了解,但也依赖于对热力学条件的假设(例如,假设为等温或绝热热力学过程)和注入流体的组成(可能含有一些甲烷或氮气)。标准做法是参考已知的地表条件或标准条件,将注入的地面体积转换为质量。然而,在不同的情况下可能会使用不同的标准(表 2.1),因此注意使用一致的标准。

表 2.1 不同标准条件下二氧化碳密度对比

标准参考	参考压力	参考温度 /℃	密度 / (kg/m³)
化学(IUPAC)	1bar(0.9869atm)❶	0	1.976
国家标准(NIST)	1atm(1.013bar)	20	1.842
国际标准(ISA 和 ISO)	1atm(1.013bar)	15	1.87
石油工程师协会(SPE)	1bar(0.9869atm)	15	1.848

大多数天然气工程师使用的地面体积单位是标准立方英尺(scf,ft³)❷、百万标准立方英尺(MMscf,10^6ft³)或十亿标准立方英尺(Bscf,10^9ft³),而在二氧化碳项目中更喜欢用质量。因此,理解这些转换因子是有用的。例如,标准条件(ISA;1.013bar 和 15℃)下:

(1)1m³ 二氧化碳的质量为 1.87kg;

---

❶ 1bar=0.1MPa;1atm=0.101325MPa。

❷ 1ft³=0.0283m³。

（2）由于 $1\times10^9\text{ft}^3=28.32\times10^6\text{m}^3$，所以 $1\times10^9\text{ft}^3$ 的二氧化碳质量为 52959.5kg（或约53t）；

（3）因此，$1\times10^6\text{ft}^3$ 的二氧化碳质量为 52.96kg。

例如，每天注入 $20\times10^6\text{ft}^3$ 二氧化碳的单井就是每天约注入 1t 二氧化碳，每年注入 $1\times10^6\text{t}$ 二氧化碳的单井其地面注入速率约为 $18.8\times10^{12}\text{ft}^3/\text{a}$。

对于实际的注入场所，我们对真实的储层压力和温度的掌握并非很精确，所以只能粗略估算地下的密度。图 2.1 展示了二氧化碳密度函数（假设等温条件），阴影区域表示 Sleipner（A）和 Snøhvit（B）封存场所估算的地下储层条件，涵盖了通常二氧化碳封存场所最可能的封存条件范围。注意，Sleipner 实例中密度有较大的不确定性/范围，这是因为其深度较浅，使其靠近临界点和气态—超临界态之间的相变区。一些研究中使用综合监测数据和模拟研究估算 Sleipner 的地层二氧化碳密度（Bickle 等，2007；Singh 等，2010；Alnes 等，2011；Cavanagh 和 Haszeldine，2014）。在注入点，二氧化碳密度约为 485kg/m^3，由于进入地层后会冷却，随着离井口越来越远，密度会增加。使用重力场监测观察，Alnes 等（2011）估算羽流中二氧化碳的平均密度为 $(675\pm20)\text{kg/m}^3$。然而，如果储层温度更高，则密度值变小。例如，Cavanagh 等（2015）使用数值模拟方法估算得到储层底部的二氧化碳密度为 616kg/m^3（第 1 层），而在 Utsira 储层顶部降至 355kg/m^3（第 9 层）。在 Snøhvit 更深的注入深度（2700m），储层温度约为 95℃（Hansen 等，2013），可确定其密度处于超临界相区内。

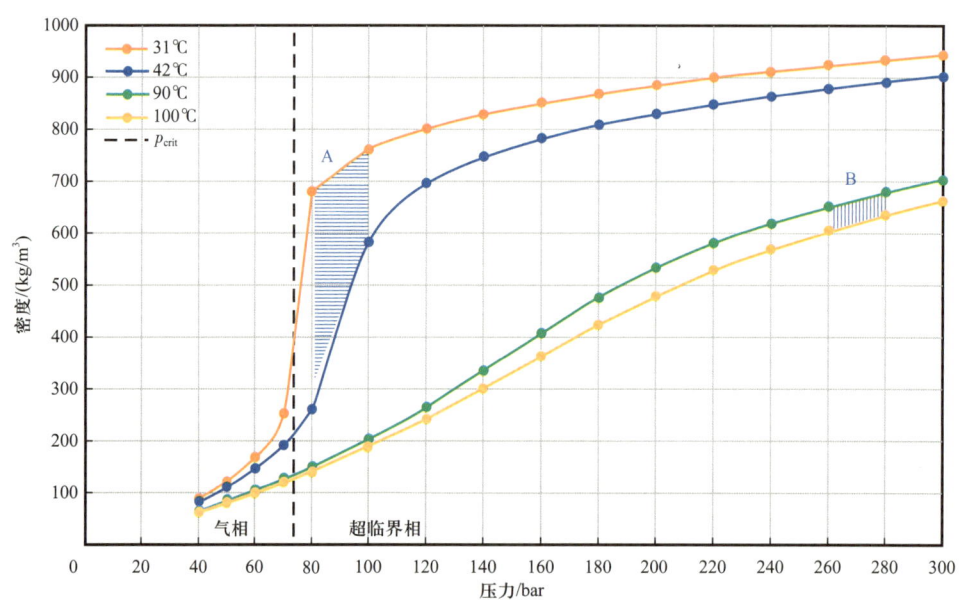

图 2.1 选择等温条件下的 CO_2 密度函数（据 NIST Chemistry WebBook，2022 年 10 月 10 日访问，https://webbook.nist.gov/chemistry/fluid/）

阴影区域表示 Sleipner（A）和 Snøhvit（B）封存地点估算的储层条件

将封存的二氧化碳体积和质量与各种人类活动排放到大气中的等量二氧化碳联系起来也是有用的。Sleipner 作为一个二氧化碳封存项目，每年约封存 1×10^6 t 二氧化碳，这个量与最近其他碳捕集和封存项目类似，例如加拿大的 Boundary Dam 和 Quest 项目。需要注意的是，Sleipner 在过去 25 年间实际二氧化碳注入量在 $0.6\sim1.0$ Mtpa❶ 之间，这取决于可供封存的二氧化碳量。二氧化碳注入能力和可用于注入的量之间总是有区别的，这确实会导致一些混淆。那么人为排放 1×10^6 t 二氧化碳是一个什么概念？表 2.2 总结了不同种类的交通工具排放的二氧化碳。当然，我们在努力降低交通工具的二氧化碳排放，这些数据取决于何时何地测定，以及参照的交通工具类型。但通常来讲，可以推断出碳捕集和封存（CCS）项目里封存的 1Mtpa 大致相当于：

（1）33 万辆汽车的年排放量（假设 200g/km）；
（2）500 万客运航空公里；
（3）亚欧距离船舶运输 5×10^6 t；
（4）2014 年挪威道路交通排放量的十分之一。

因此，工业规模的 CCS 项目显然是有价值的，这有效降低了一个国家的碳排放，进一步凸显了使用 CCS 降低碳排放的重要性和动力。

表 2.2 各种运输方式的碳排放数据

排放类型	CO_2 排放量	说明	来源
空中旅行	113～257g/km	等同 1 位乘客每千米 CO_2 排放量	芬兰 2008 年数据库；LIPASTO 系统（此范围为长途或短途运输航班）
车辆排放	200g/km	2001 年典型中型车	www.gov.uk（CO_2 和运输税工具）及美国环境保护署 1975—2014 年平均值
车辆排放	118g/km	欧盟 2016 年平均新车销量	ec.europa.eu/clima/policies/transport/
车辆排放	95g/km	欧盟 2021 年平均车辆排放目标	ec.europa.eu/clima/policies/transport
车辆排放	280g/km	卡车	美国环境保护署 1975—2014 年平均值
车辆排放	4.7×10^6 t/a	典型车辆年 CO_2 排放量	美国环境保护署的估算
车辆排放	3t/a	按 200g/km 条件计算的每年行驶 15000km 的年排放量	欧洲／公制参考案例
车辆排放	10.2×10^6 t/a	2014 年挪威道路交通总排放量	www.ssb.no/en/natur-og-miljo/statistikker/klimagassn
海运（柴油）	10～15g/(t·km)	每运输单位的 CO_2 排放量	世界航运理事会及 https://www.eea.europa.eu/
铁路运输（柴油）	20～35g/(t·km)	每运输单位的 CO_2 排放量	https://www.eea.europa.eu/

❶ Mtpa：million tons per annum，10^6 t/a。

2.1.2 国家和区域封存能力评估及潜力图绘制项目

已完成若干国家、大洲二氧化碳封存能力研究，绘制了二氧化碳封存潜力层图，估算封存能力。这里选择了几项最成熟的研究，包括：

（1）欧盟关于欧洲二氧化碳地质封存能力的 GeoCapacity 项目（2008；http://www.geology.cz/geocapacity）；

（2）包括美国、加拿大和墨西哥的北美碳封存地图集（2012；www.nacsap.org）；

（3）挪威大陆架二氧化碳封存地图集（2014；www.npd.no/en/Publications/Reports/Compiled-CO$_2$-atlas/）；

（4）其他国家二氧化碳封存数据库，包括英国、澳大利亚和巴西。

这些国家项目通常由政府资助，用于未来全国性的大规模二氧化碳封存，通常确定有足够的理论封存量。例如，估算北美有超过 2400×10^9t 理论封存量，挪威大陆架现有理论封存量可能超过 70×10^9t（基于截断标准）。

然而，关于这些初步估算的现实程度也存在很多争议。因此，重要的是理解不同类型或类别的二氧化碳封存量估算。Bachu 等（2007）为二氧化碳封存量估算方法提供了有价值的综述。

技术经济资源—储量金字塔［Bradshaw 等（2007）介绍］有效地总结了不同类型的封存量估算。使用 Bachu 等（2007）提出的术语（图 2.2），我们可以区分：

（1）理论封存量（物理极限）；

（2）有效封存量（使用截断标准估算）；

（3）实际封存量（考虑经济、技术和监管因素）；

（4）匹配封存量（特定二氧化碳项目的特定场所封存）。

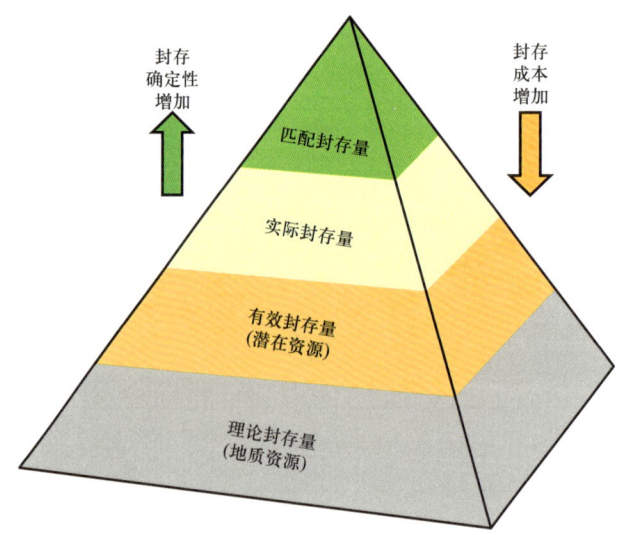

图 2.2　用于二氧化碳封存量估算的技术经济资源—储量金字塔（据 Bachu 等，2007，修改）

这个方案已经使用了多种改编版本，例如定义勘探、评价和开发阶段的封存量（挪威二氧化碳地图册使用）。此外，一些权威机构正在制定更正式的封存量定义［包括联合国气候变化框架公约（UNFCCC）、国际石油工程师协会（SPE）、国际标准化组织（ISO）］，因此一些封存量定义的演变是可以预料的。为了清楚起见，这里将使用Bachu等（2007）定义的术语，并重点介绍其采用的方法。

资源金字塔也是动态的，项目越成熟，随着封存潜力确定性的增加，封存量估算向金字塔上部移动（图2.2）。相反，当技术改进成本降低时，匹配或实际封存量占比可能向下扩大。最终，匹配封存量是决定性因素。二氧化碳封存目标需要定量化，并与主要碳源通过特定运输方法相匹配（从发电厂和工业源捕集）。

下面详细介绍封存量预估方法。

从可用于二氧化碳封存的孔隙体积，就可以简单估算多孔地层中构造或地层封存的理论二氧化碳封存量V_{CO_2}：

$$V_{CO_2}=V_{trap}\phi(1-S_{wirr}) \tag{2.1}$$

其中，V_{trap}为封存体积；ϕ为孔隙度；S_{wirr}为束缚水饱和度。

通常使用净毛比，扣除砂岩层系中的非砂岩地层，以二氧化碳质量计算体积（使用地层条件下的密度ρ_{CO_2}获得）。理论二氧化碳封存量也可包括构造封闭体之下的体积，这部分二氧化碳从更深部的注入点通过孔隙介质运移至此，以束缚态封存，可由下式估算：

$$V_{CO_2}=V_{swept}\phi S_{CO_2R} \tag{2.2}$$

其中，V_{swept}是二氧化碳波及的体积，S_{CO_2R}是束缚二氧化碳饱和度。

注意，束缚水饱和度S_{wirr}和束缚二氧化碳饱和度S_{CO_2R}高度依赖岩石类型和孔径，但S_{wirr}典型值为0.3~0.5，S_{CO_2R}典型值为0.2~0.3（参见图1.11）。

这些对二氧化碳封存可用孔隙空间的理论估算不包括流体动力学的影响，二氧化碳只充填这些孔隙空间的一部分。因此，引入封存效率因子ε，为咸水层内可用孔隙体积V_ϕ的有效封存量提供了更为广泛的表达式（Bachu，2015）：

$$M_{CO_2}=V_\phi \rho_{CO_2}\varepsilon \tag{2.3}$$

因此，如果已知目标咸水层的地质单元几何形态和孔隙度（使用常规地下作图法），可从探井和评价井合理估算出影响封存量M_{CO_2}的因素，进而得出M_{CO_2}。

通常，依据孔隙度、净毛比和孔隙尺度下的最大二氧化碳饱和度（$1-S_{wirr}$），缩放总岩石体积，做出切实可行的计算，如此式（2.3）更为一般的形式为

$$M_{CO_2}=V_b\phi(N/G)\rho_{CO_2}\varepsilon(1-S_{wirr}) \tag{2.4}$$

不同地区、不同从业者对这个一般形式应包含什么假设条件意见不统一（Bachu，2015），因此重要的是要意识到所做的假设。但式（2.3）和式（2.4）表达了最本质的概

念。封存效率因子 ε 为咸水层体积内实际封存的二氧化碳体积与理论可用（估算）孔隙体积的比值（Van der Meer，1995），代表非均质性、流体分隔和波及系数的累加效应。然而，很难估算 ε，且 ε 随封存场所而变化。一般经验表明，ε 范围为 0.001~0.06（即<6% 孔隙体积）。封存效率也可使用油藏模拟或解析法估算，下面将讨论。

对于枯竭油气藏中的二氧化碳封存，可从历史生产井数据和地震勘探定量估算地质构造中的油气体积。对这些实例，从已知原始油气体积（HCIIP）估算封存量是有效的：

$$M_{CO_2} = HCIIP \rho_{CO_2} R_f (1-F_{ig}) B_{HC} \qquad (2.5)$$

其中，R_f 表示采收率（产出的烃类比例）；F_{ig} 表示注入气的分数（在使用气体注入的情况下）；B_{HC} 表示烃类地层体积系数（对地表测量的天然气或石油体积的校正）。

多数情况下，枯竭气藏是封存场所的首选，但这些气藏通常含有液态烃。枯竭油藏更可能是与二氧化碳提高采收率有关的二氧化碳封存靶区。这里，简单的体积计算是无效的。

国际石油工程师协会（SPE）二氧化碳捕集、利用和封存技术小组委员会制定了一项基于技术的二氧化碳封存量评估和资源评价标准，即封存资源管理系统（SRMS）（Frailey 等，2018）。这为支持 CCS 项目的商业投资决策（图 2.3）提供了一种更系统的方法，用来对二氧化碳封存资源成熟度分类。为说明这个 SRMS 系统的应用，Thibeau 等（2018）将其应用于 Utsira 储层，Sleipner 二氧化碳项目即位于此。阐述了该储层中高达 $60 \times 10^9 t$

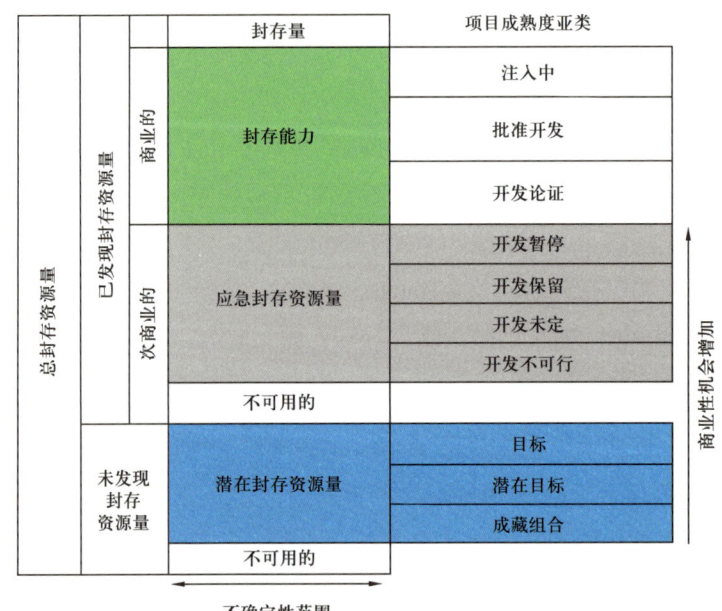

图 2.3 SPE 开发的二氧化碳封存资源管理系统（SRMS）总结

涉及一种更系统的方法对二氧化碳封存项目的成熟度分类，以支持 CCS 项目的商业投资决策；资料来源：https://www.spe.org/en/industry/co2-storage-resources-management-system/，经许可转载

的总的可用封存空间可拆分成一个个的约 0.016×10^9 t 的单个封存库。因此，商业封存决策强调确定可用区域"有效"封存量的哪一部分可以针对特定封存场所（匹配封存）被证实。

2.2 封存效率

2.2.1 物理基础

使用动态流动模拟模型和详细的三维地质油藏模型，可以很好地对二氧化碳封存体积和对应的封存效率因子 ε 进行估算。然而，解析建模法是一种有用快捷的方法，可以评估二氧化碳封存效率。

我们知道，通常密度较小的流体（天然气或二氧化碳）会由于浮力向上倾方向运移，占据含水层孔隙空间的一小部分（参见图 1.7）。可以通过分析二氧化碳羽流（或任何两个不混相流体系统）的几何特征，采用解析的方法捕捉这种效应。Nordbotten 等（2005）使用之前应用于烃—水体系的方法（Rapoport，1955；Shook 等，1992），将这些概念应用于深部咸水层的二氧化碳封存。这里，将对此方法进行总结，作为对现在广泛应用于此问题的解析法的介绍。

从直井以速率 Q_{well} 向厚度为 H 的水平咸水层单元注入二氧化碳，则二氧化碳羽流将以"弯曲的倒锥形"扩展，半径为 r [图 2.4（a）]。Nordbotten 等（2005）给出此问题的解析解，特征为图 2.4（b）所示几何形状。

实际的二氧化碳羽流几何形状取决于很多因素，特别是二氧化碳密度和流动速率。更大的密度差（$\rho_{咸水}-\rho_{CO_2}$）将产生更多的垂直运移和更快的横向扩展（更大的 r_{max}），而更高的流体流速将促进近井筒区更大的黏性流动（更大的 r_{min}）。至于流体动力学，曲线形状受重力/黏滞力控制。Nordbotten 等（2005）以及 Nordbotten 和 Celia（2006）演示了曲线形状是如何随着重力/黏滞力比值和其他无量纲比值的函数变化的。

这种解析方法可用于估算可能的封存效率。这里，对定义一个容纳二氧化碳羽流的扩展柱体的二氧化碳封存量系数 C_c 是有效的，如图 2.5（a）所示，

$$C_c = \frac{V_{injected}}{V_{PV}} = \frac{Q_{well}t}{\phi H\pi(r_{max})^2} \tag{2.6}$$

其中，Q_{well} 为时段 t 内注入的体积；ϕ 为孔隙度。注意，在注入过程结束时，C_c 等于最终封存效率 ε。起初系数 C_c 由 Bachu 等（2007）提出，此处用于扩展柱状流的具体情况。当然，羽流在实际情况中可能为任意形状，但对于解析解，假设羽流为圆形。对于实际情况，r_{max} 可以通过监测数据确定（例如，首次突破监测井或使用时移地震图像）。对于预

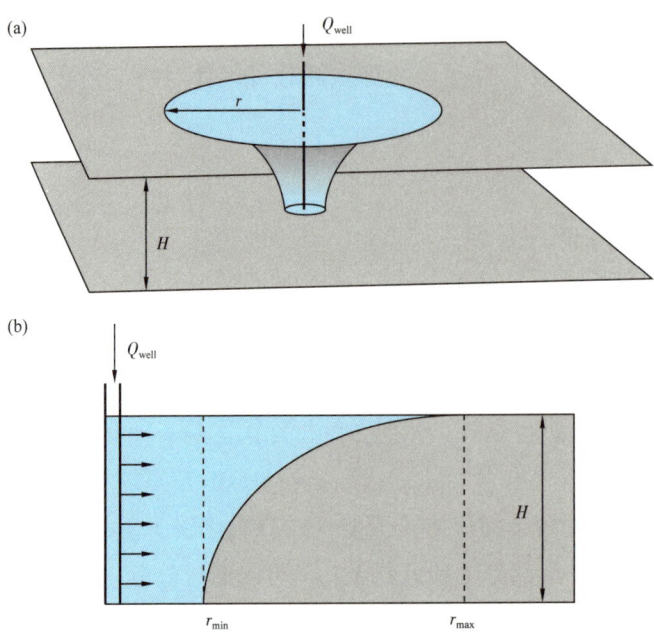

图 2.4 （a）深部咸水层中作为可上浮流体扩展的二氧化碳羽流的理想几何形状以及（b）用于定义分析羽流几何形状的术语（基于 Nordbotten 等，2005）

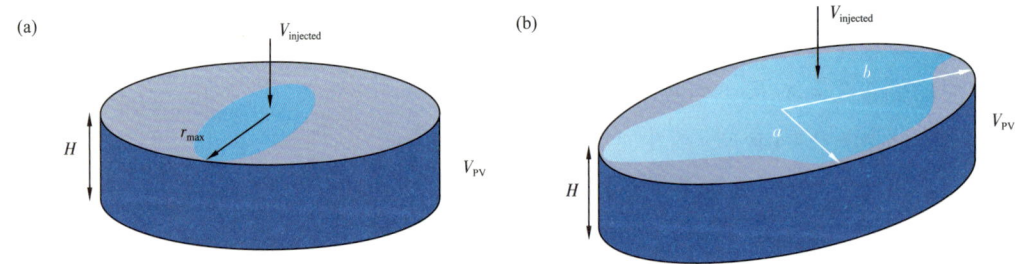

图 2.5 （a）定义容纳任意二氧化碳羽流的扩展柱体的封存量系数 C_c 的因素以及（b）同样的概念也适用于具有主轴 a 和 b 的椭圆柱，定义了系数 E_c

测性实例，我们可能喜欢通过分析估算此值。当流动主要为黏滞力控制时，Nordbotten 和 Celia（2006）表明 r_{max} 可由下式得出：

$$r_{max} = \sqrt{\frac{\lambda_c}{\lambda_b} \frac{Q_{well} t}{\pi H \phi (1 - S_{bir})}} \tag{2.7}$$

其中，λ_c 和 λ_b 分别为二氧化碳和咸水的流度；t 为注入时段；S_{bir} 为束缚咸水饱和度。这里，包含一个可进入孔隙体积项（$1-S_{bir}$），用于考虑扩展的二氧化碳羽流后面束缚的咸水相（但为了简单估算 r_{max}，此项可以忽略）。注意，对于各相，流体流度为相对渗透率/黏度，即 $\lambda_i = K_i / \mu_i$。流体流度也可用流度比 $\lambda_r = \lambda_c / \lambda_b$ 体现。该解适用于水平连续含水层中黏滞力主导流动的极限情况，其中重力/黏滞力比值非常小。

对 C_c 的估算非常依赖流体性质。例如，从约 1km 的深度向 100m 厚的含水层注入二氧化碳时，C_c 的解析值约 0.25（假设流度 $\lambda_r=4$、$\Delta\rho=300\text{kg/m}^3$），但此值非常依赖于流度比，如图 2.6 所示。

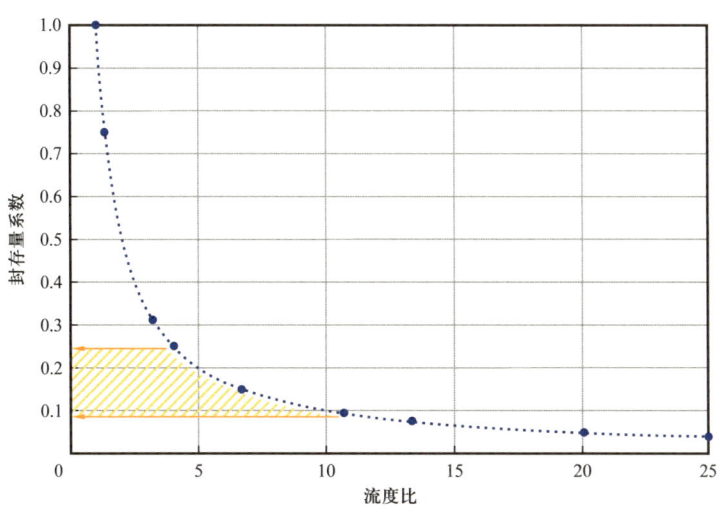

图 2.6　典型的二氧化碳封存单元

封存量系数 C_c 是流度比 λ_r 的函数，流度比范围为 $4<\lambda_r<11$

将式（2.6）代入式（2.7），推测黏滞力主导条件下，

$$C_c = \frac{1}{\lambda_r} = \frac{\lambda_b}{\lambda_c} = \frac{K_{rb}}{K_{rc}} \frac{\mu_c}{\mu_b} \tag{2.8}$$

其中，K_{rb} 和 K_{rc} 分别为咸水和二氧化碳的相对渗透率。

因此，C_c 实际上是流度比 λ_r 的倒数（针对此端元情况）。注意，因为 K_{rb} 和 K_{rc} 是饱和度的函数，流度比也是一个可变函数。对于范围计算，通常使用端点相对渗透率值（参见图 1.11）。

正如接下来要展示的，对于椭圆柱，定义一个类似的系数也是有用的，其中 E_c 由下式给出：

$$E_c = \frac{V_{\text{injected}}}{V_{\text{PV}}} = \frac{Q_{\text{well}} t}{\phi H \pi a b} \tag{2.9}$$

这适用于具有各向异性扩展模式的羽流，特别是如果可以从时移地震成像数据集，或者在羽流向上倾方向运移的情况下，预计羽流在一个方向上延伸，这两种情况都可以确定 E_c。

前面的讨论假设了以黏滞力为主导的流动，即只有达西流效应是重要的。然而，忽略重力的影响相当具有误导性，因为在二氧化碳封存条件下，重力的影响是显著的——二氧化碳比水轻得多。Okwen 等（2010）将此解析方法扩展到将封存效率作为重力/黏滞力比（Γ）和流度的函数来评估。他们的分析总结如图 2.7 所示，说明重力影响会大大降低封存效率。无量纲重力数 Γ 是重力与黏滞力的比值，对于这组假设（Nordbotten 等，2005），它由下式给出：

$$\Gamma = \frac{2\pi\Delta\rho Kg\lambda_b H^2}{Q_{well}} \tag{2.10}$$

其中，K 为固有（绝对）地层渗透率；λ_b 为咸水相的流度。这假设初始条件为完全咸水饱和介质（随着羽流扩展）。为了将无量纲重力数拓展到多相流的计算中，可以明确地包括流度比，得

$$\Gamma = \frac{2\pi\Delta\rho gKH^2\lambda_b}{Q_{well}\lambda_c} \tag{2.11}$$

注意，在无量纲重力数的推导中，假设注入速度 Q_{well} 表示每口井每米的注入速度为千克/秒（即实际注入速度与厚度成比例）。Nordbotten 等（2005）认为 Γ 的范围在 0~10 之间，而 Okwen 等（2010）建议在参考实例中令 Γ=0.226。

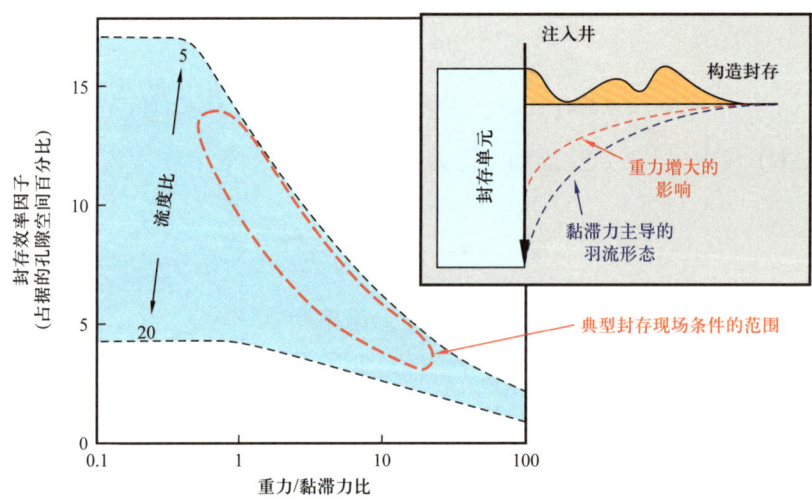

图 2.7 对于一系列流度比 λ_r 值，封存效率因子 ε 是重力/黏滞力比 Γ 的函数（据 Okwen 等，2010，修改）
表明 1~2.5km 深处二氧化碳封存的可能范围，插图说明了流体分布效应

2.2.2 Sleipner 项目的封存效率估算

Sleipner 项目为应用这些控制封存效率的原理提供了非常有启发性的实例。对于 Sleipner，数据表明其流度比约为 5，Γ 的估算值范围为 0.06~14.5（表 2.3）。无量纲重力数很大程度上取决于对地层厚度和流速的假设。将所有流量分配到整个 Utsira 的地层厚度上会产生较高的无量纲重力数；但仅考虑第 1 层（实际注入二氧化碳），得到的 Γ 值较低，对应井筒附近主要还是以黏滞力控制为主的流动。当二氧化碳通过复杂的途径运移到第 9 层时，Γ 可能已经增加至约 0.7。

表 2.3 Sleipner 注入点无量纲重力数（Γ）的估算值范围

区域	整个 Utsira	第1层	第9层	说明
$\lambda_r = \lambda_c / \lambda_b$	5	5	5	假设的物性参数来自 Singh 等（2010）
H/m	200	30	20	2019 年参考模型（co2datashare.org）
$\Delta\rho$/（kg/m³）	345	345	665	咸水密度假设为 1020 kg/m³
假设的质量流量 /（10⁶ t/a）	1	1	0.3	第9层的进入速率较低，仅根据地震数据粗略估算
Q_{well}/（m³/s）	0.047	0.047	0.014	
Γ	14.5	0.06	0.7	

Sleipner 项目中，储层中的流度比 $\lambda_r \cong 5$，即流动以黏滞力为主导，封存量系数 $C_c = 0.2$，假设式（2.8）成立（图 2.6）。但考虑到重力效应 [使用 Okwen 等（2010）的比例图；图 2.7]，ε 的估算值降至 0.04（在重力主导端）或高达 0.13（在黏滞力主导端）。

进一步拓展可知，可以应用式（2.6）和式（2.9），结合从时移地震数据得到的羽流尺寸参数估算 C_c 和 E_c（图 2.8 至图 2.10）。这里，使用羽流扩展图估算从注入点开始的羽流

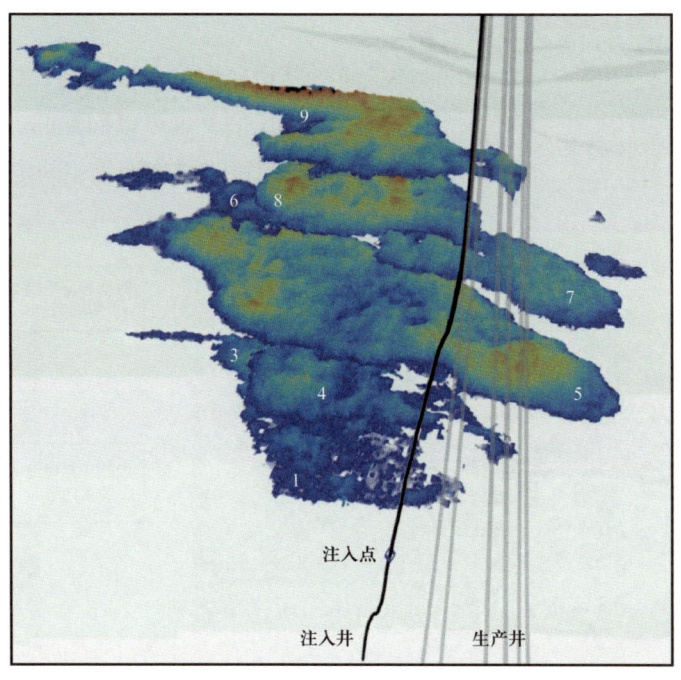

图 2.8 基于 Kiær 等（2016）的工作，对 2008 年时移地震调查时 Sleipner 处的二氧化碳羽流进行了三维重建，显示了多层二氧化碳分布

白色数字表示二氧化碳层；图片由艾奎诺公司提供，数据来源于 Sleipner 项目组（艾奎诺能源公司、埃克森美孚公司、LOTOS 公司和 KUFPEC 挪威子公司）

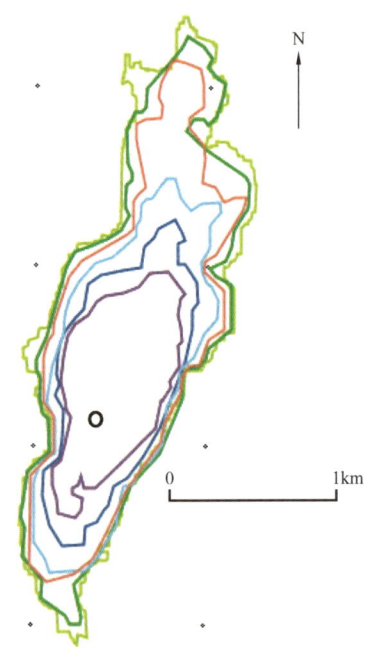

图 2.9 Sleipner 项目中逐渐扩散的二氧化碳羽流

依据时移地震分析得到，多边形显示了羽流（所有层）的范围；内部的多边形为 1999 年的测量结果，外部的多边形为 2010 年的测量结果；中间的多边形分别为 2001 年、2004 年、2006 年和 2008 年的测量结果（由艾奎诺公司 Anne Kari Furre 提供）；圆圈标记为注入点（在封存单元底部）；图片由艾奎诺公司提供

最大扩展范围[式（2.6）]，或估算羽流的椭圆长轴和短轴[式（2.9）]。2010 年前的调查结果如图 2.11 所示。C_c 的估算范围是 0.01～0.02，而 E_c 在 2004 年的值为 0.05，之后稍有下降。效率估算波动的原因是 2004 年后羽流开始扩展，流入北部的下一个构造封闭体（图 2.8）。显然，假设羽流的形状更为紧密，则会改变封存效率的估算结果（$C_c > E_c$）。

不过，我们掌握了更多关于羽流分布的信息，可以应用于这个问题。从羽流多边形[图 2.10（b）]，我们还可以估算出二氧化碳占据的椭圆面积的比例。之后，可以通过波及面积的尺度换算以定义面积效率系数 A_c，由下式给出：

$$A_c = \frac{V_{\text{injected}}}{V_{\text{PV}}} = \frac{Q_{\text{well}} t}{\phi B \pi a b} \frac{1}{f_{\text{area}}} \quad (2.12)$$

其中，f_{area} 是椭圆柱被二氧化碳羽流占据的比例，也可以同样的方式通过波及面积的尺度换算在三维空间定义 V_c：

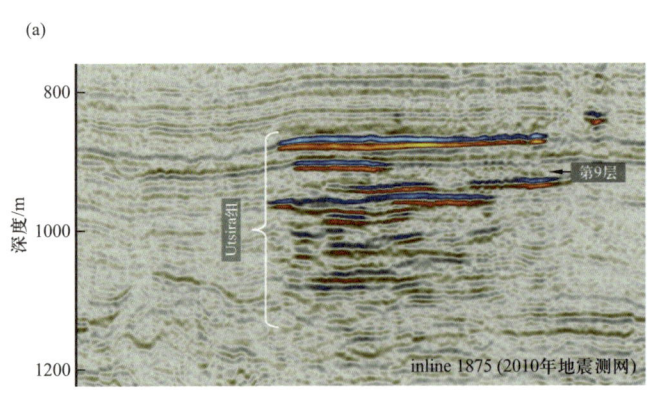

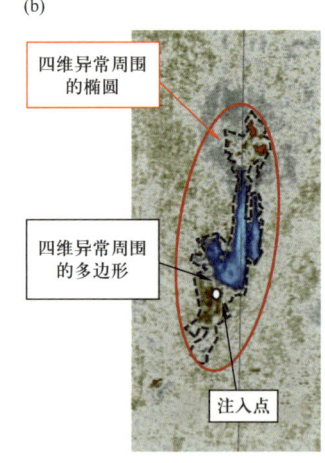

图 2.10 （a）Sleipner 羽流南北向剖面，显示了观测到的反射振幅（2010 年调查）以及（b）Sleipner 第 9 层振幅图（2010 年调查），观测到的振幅异常周围有多边形和相应的椭圆

数据来源于 Sleipner 项目组（艾奎诺能源公司、埃克森美孚公司、LOTOS 公司和 KUFPEC 挪威子公司）

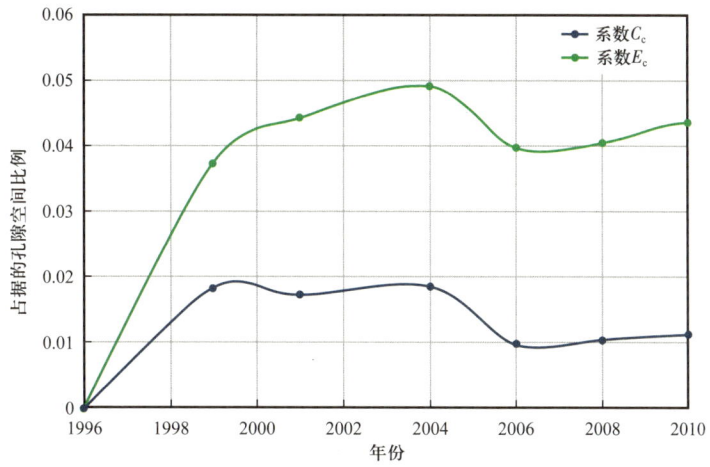

图2.11 Sleipner项目中羽流的简单二氧化碳封存效率测定

$$V_c = \frac{V_{injected}}{V_{PV}} = \frac{Q_{well}t}{\phi B\pi ab}\frac{1}{f_{vol}} \tag{2.13}$$

其中，f_{vol}是二氧化碳羽流占据的椭圆柱的比例（图2.5）。

图2.12显示了Sleipner项目中A_c和V_c的估算值与E_c的估算值的比较。考虑面积波及，占据的孔隙体积比例估算值高达约0.2，尺度换算到波及体积，则估算值增至几乎0.4。注意，这些只是初步估算，假设f_{area}=0.25（每层成图的多边形的典型值）。为了估算波及体积（我们无法从地震数据集估算出来），我们假设总地层厚度的50%被二氧化碳占据，得到f_{vol}=0.125。此估算基于Cavanagh等（2015），他们基于（重力主导的）侵入渗流建模估算每层的二氧化碳厚度。此初步分析的目的是显示二氧化碳占据的孔隙体积比例是如何取决于所考虑的体积。在构造封闭体下方（即页岩层下方），CO_2饱和度可能在0.4

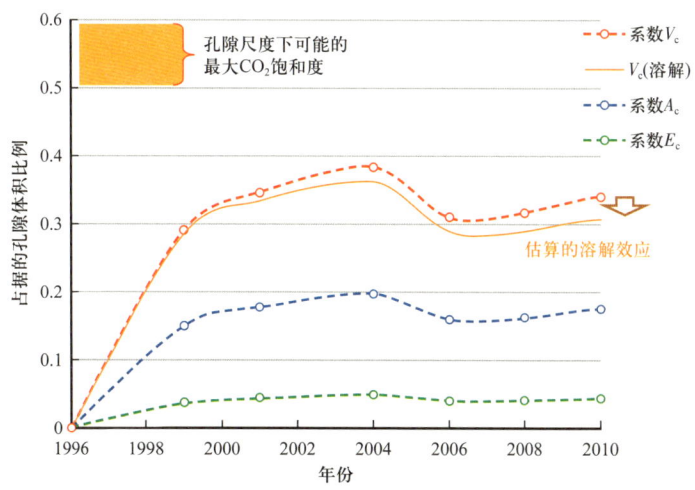

图2.12 Sleipner项目中用于二氧化碳封存效率评估的"波及"或接触的孔隙空间

左右，而将 CO_2 饱和度在整个封存单元进行平均，"有效孔隙占有率"则会降至几个百分点。因此，Sleipner 项目整体的封存效率为 0.01～0.05（取决于使用的参考体积），而局部的封存效率因子 ε 增至约 0.4。图 2.12 也说明了孔隙尺度下可能的最大二氧化碳饱和度（S_{CO_2} 为 0.5～0.6）。

此估算是基于 Chadwick 等（2019）发表的岩心实验（图 2.13），关于孔隙尺度过程的大量研究也支持此估算，例如 Reynolds 和 Krevor（2015）认为毛细管力将使 CO_2 饱和度低于 0.6（图 2.14）。更准确的理解 Sleipner 项目的二氧化碳分布需要进一步的工作，但这个利用现有地震成像数据集的简单分析为我们理解二氧化碳在多孔咸水层中的分布提供了有价值的见解。毛细管力是小尺度下的主控因素（孔隙—岩心尺度），而重力在大尺度下起重要作用。黏滞力（达西流）可能在井筒附近很重要，但随着二氧化碳运移远离井筒，重力（浮力）将起主导作用。

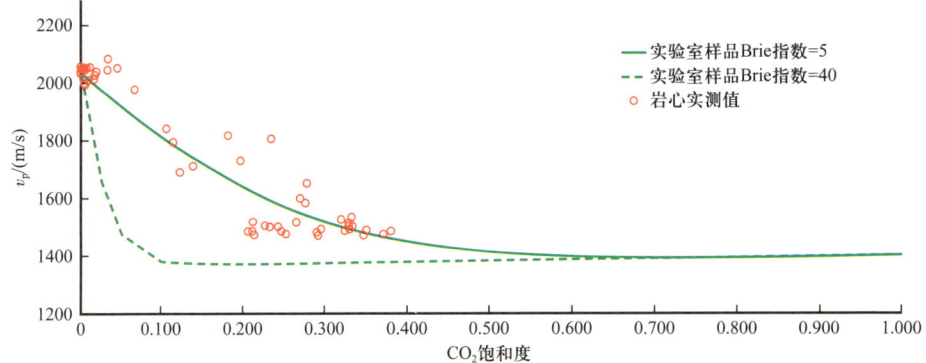

图 2.13 Utsira 砂岩岩心样品的速度（v_p）—饱和度函数和实测值（数据来自 Chadwick 等，2019）

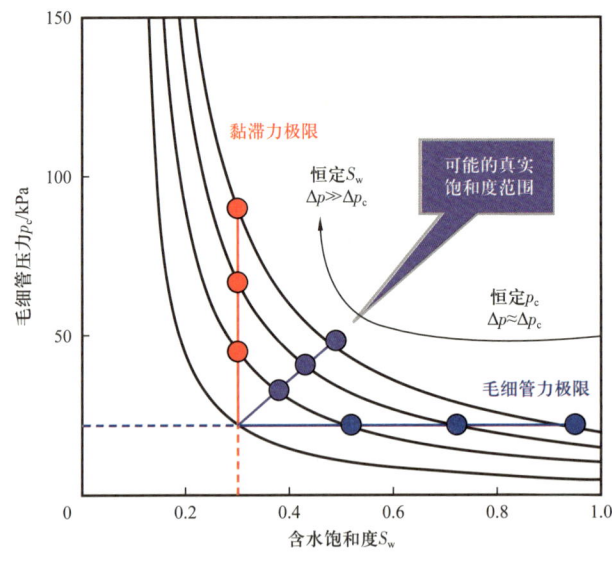

图 2.14 毛细管力函数和流体力的平衡（据 Reynolds 和 Krevor，2015，修改）

这些封存效率测定结果忽略了游离态二氧化碳转变为溶解态二氧化碳过程的影响。对于 Sleipner 项目的二氧化碳溶解速率我们所知甚少,但可以做一个大致的估算,图 2.12 对此进行了说明。这不影响扩展的羽流的封存效率,但可能影响在孔隙尺度上 CO_2 饱和度估算的结果。

3 理解封存的约束条件

3.1 概述

从两相流物理学中建立了二氧化碳封存的主要原理之后，我们不禁要问：还有哪些因素会限制我们需要的实际封存体积？对特定项目的潜在封存能力建立合理预期后，我们需要思考注入井和输送基础设施的设计和管理。图3.1简要概括了二氧化碳输送和封存系统与压力管理有关的主要工程问题。我们需要考虑：

（1）二氧化碳供给——速率、压力、温度和组成；
（2）储层深度（水深）；
（3）井设计；
（4）封存场所的表现（羽流行为）；
（5）储层物性；

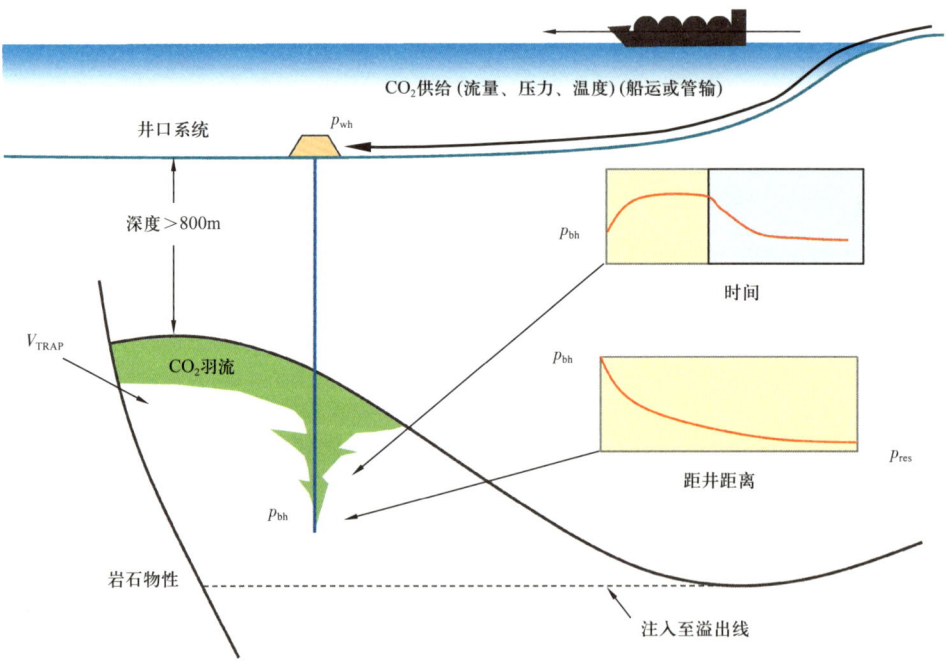

图3.1 二氧化碳注入项目压力管理要点总结

（6）上覆岩层和盖层特征；

（7）区域含水层的影响。

对于注入井，主要需要考虑两个压力——井口压力 p_{wh} 和井底压力 p_{bh}。然后，需要考虑两个压力梯度——井中的压力梯度和从井到地层的压力梯度（图3.1）。以上简述只为提供背景信息。这里，将不考虑输送系统或钻井设计，因为我们的重点主要是储层。

接下来，将回顾主要的地下约束因素：

（1）注入能力；

（2）地质力学限制；

（3）压力管理。

3.2 注入能力约束

3.2.1 注入能力基础知识

静态条件下，井底压力 p_{bh} 可以由井口压力 p_{wh} 简单估算，公式如下：

$$p_{bh}=p_{wh}+\rho_{CO_2}g\Delta h \tag{3.1}$$

然而，动态条件下流动速率是变化的，需要有对二氧化碳相态特征更深入理解的方法。我们将聚焦二氧化碳注入井的注入能力，因为这是封存场所评价的关键点之一。二氧化碳注入井的预期注入能力与三个主要因素有关：

（1）井设计；

（2）布井策略，包括井斜角和完井长度；

（3）储层物性，特别是渗透率。

注水井注入能力指数 II 的最简单表达形式如下：

$$II_w = \frac{q}{p_{bh} - p_{res}} \tag{3.2}$$

其中，q 为流动速率；p_{bh} 为井底压力；p_{res} 为远场储层压力。假设注入流体不可压缩。对于注气井，可以使用 p^2 计算方法估算 II_g，该算法适用于低压注气（Lee 和 Wattenbarger，1996）：

$$II_g = \frac{q}{p_{bh}^2 - p_{res}^2} \tag{3.3}$$

对于已知储层物性的储层注入单元，流动速率 q 也可使用径向达西流方程估算（假设为直井）：

$$q = \frac{2\pi K_{res} h_i (p_{bh} - p_{res})}{\mu \ln(r_e / r_w)} \qquad (3.4)$$

其中，K_{res} 为岩层渗透率；h_i 为注入井段（完井段）厚度；μ 为流体黏度；r_e 为储层单元的有效半径；r_w 为井半径。Golan 和 Whitson（1991）指出，对于较高流速，可以调整该式并将其应用于天然气生产井：

$$q_g = \frac{1.406 K_{res} h_i (p/\mu_g Z)(p_{res} - p_{bh})}{T[\ln(r_e / r_w) - 0.75 + s + Dq_g]} \qquad (3.5)$$

其中，$p/\mu_g Z$ 为压力深度函数（假设为线性）；T 为温度；s 为表皮系数；Dq_g 为速率相关的表皮系数。重新排列式（3.5），并忽略表皮系数，可以得到一个通用函数来估算二氧化碳注入井的注入能力指数（假设高流速）：

$$II_{CO_2} = \frac{q_g}{p_{bh} - p_{res}} = \frac{1.406 K_{res} h_i (p/\mu_{CO_2} Z)}{T[\ln(r_e / r_w) - 0.75]} \qquad (3.6)$$

对于低流速，式（3.3）更适用，对于更复杂的情形，可能还需要使用基于拟压力函数的更通用的方法（Al-Hussainy 等，1966）。实际上，很多因素使 q_{CO_2} 或 II_{CO_2} 的计算变得复杂，包括井筒内 CO_2 密度的变化、多相流效应、近井地层伤害和岩层内非均质性。因此，二氧化碳封存选址和评价研究常常使用颇为简单的注入能力模型；随着项目的发展，需要对相关潜在特征进行更详细的井和储层模拟。

式（3.4）至式（3.6）中包含了简单但重要的注入速率标度 $K_{res} h_i$（俗称 $K\text{-}h$ 积）。平均渗透率 100mD、厚度为 10m 的砂岩层，其注入极限与平均渗透率 1D、厚度为 1m 的砂岩层几乎相同。通常来讲，二氧化碳注入项目要求 $K\text{-}h$ 积大于 $1D \cdot m$。例如，Snøhvit Tubåen-1 单元的有效 $K\text{-}h$ 积约为 $6D \cdot m$，远低于从岩心推断的初始值（$40D \cdot m$）（数据来自 Hansen 等，2013）。然而，$6D \cdot m$ 足以满足注入能力要求，只是远场地质屏障导致了一些长期性问题，下文将对此进行讨论。

3.2.2 举例说明注入能力面对的挑战

可以使用 Sleipner 项目最初几年二氧化碳注入的数据说明在注入能力方面存在的潜在问题（图 3.2）。尽管项目总体还算成功，但初期遇到一些注入能力稳定性方面的技术挑战（Hansen 等，2005；Ringrose 等，2017）。项目于 1996 年 9 月开始后，由于地层砂流入井筒，最初没有达到预期的注入速率（1014m 深度实施水平井射孔，射孔段长 100m）。1996 年 12 月下入防砂筛管，一定程度上提高了注入速率。1997 年 8 月在注入段实施二次射孔，并在水平段 38m 层段下入砾石充填防砂筛管，注入能力显著改善。此次修井作业后，实现稳定注入速率 $1.4×10^6$~$1.6×10^6 m^3/d$（地面条件）（或 2600~3000t/d；图 3.2），可以长期按计划的注入速率作业。图 3.2 还显示，修井作业前需要提高注入井口压力（约 80bar），后期又降至 62~65bar。从注入能力来看，设计注入能力约为 $2000 m^3/(d·bar)$ [使用式（3.6）计算]，而实际的初始注入能力降至约 $200 m^3/(d·bar)$，重新射孔后，恢复至 2000~$2400 m^3/(d·bar)$。还应注意，Sleipner 项目井的二氧化碳注入量远低于注入井的注入能力极限，只在第一年达到极限注入能力。

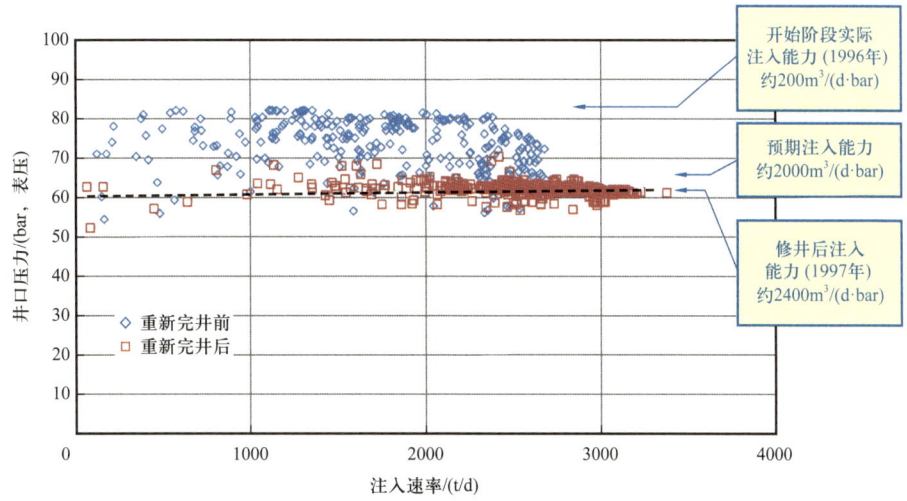

图 3.2 基于 Sleipner 二氧化碳注入项目数据的注入能力分析（1996—1999 年）

Sleipner 项目早期遇到的这些注入能力不足问题与近井地带的阻力相关，通常称为"表皮"效应。也就是说，对自然储层的某种伤害导致其渗透率降低。近井筒区域伤害的典型原因包括：钻井液滤液侵入地层，弱胶结砂岩局部崩塌，以及细颗粒进入孔隙空间。钻井时，应尽量减少这些影响，但不可能将其完全消除。可以利用完井技术（射孔设置、安装衬管等）确保这些近井筒区域地层伤害得到最佳处理，以减轻其影响。

这些影响如图 3.3 所示。对式（3.6）进行调整，引入阻力项 Δp_{skin} 表示由于井筒伤害导致的额外阻力：

$$II = q / \left(p_{bh}^* - p_{res} + \Delta p_{skin} \right) \tag{3.7}$$

图 3.3 中的弯曲虚线代表了由于井筒地层伤害造成的额外压力降，实线表示不存在近井地层伤害时的压力变化情况。水平轴位于井筒半径 r_w 和储层有效半径 r_e 之间，地层伤害区半径 r_d 位于两者之间。通常，远场储层压力 p_{res} 可假设为恒定，但可能存在长期趋势，如图 3.3 所示。对于部分或完全封闭的含水层，随着注入的二氧化碳充填可用孔隙空间，p_{res} 会逐渐增加。或者，由于同一连通含水层的其他开采活动，p_{res} 会逐渐减小（Nazarian 等，2018）。

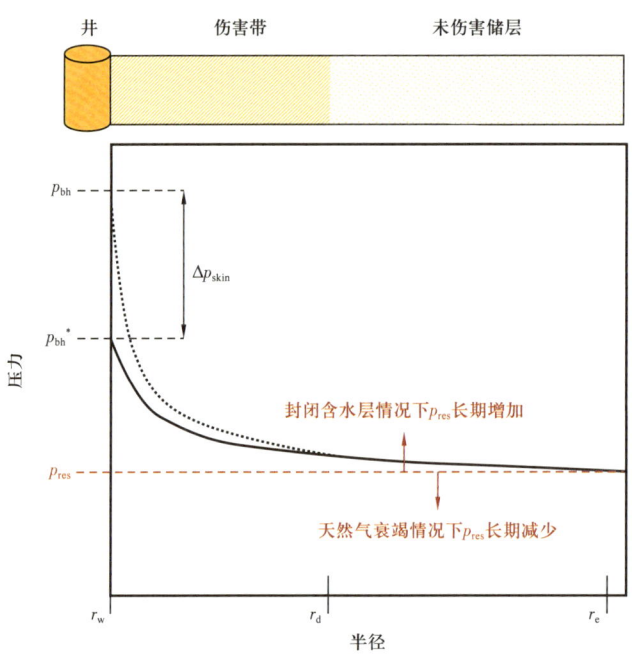

图 3.3　二氧化碳注入井周围的压力梯度，可能受到近井筒地层伤害或孔隙堵塞，以及可能的远场压力长期趋势的影响

在实际操作中，很难确定近井区域的动态，但这些相关概念还是非常重要的。通常观察到的是井底压力 p_{bh} 高于预期井压 p_{bh}^*（例如 Sleipner 项目早期发生的情况）。需要注意的是，可能会发生"负表皮"现象，近井区域产生的诱导裂缝导致地层流体流动阻力低于预期。在 Sleipner 项目中，近井流动阻力问题得到解决和缓解（使用砾石充填防砂筛管）后，由于渗透率非常高（>1D），地层阻力很小，注入得以继续。事实上，井底压力（非直接测量）与地层压力的差值一般被认为小于 2bar（Eiken 等，2011），注入速率远小于注入能力极限。

可能引起二氧化碳注入井注入能力严重下降的另一重要现象是盐沉淀效应。二氧化碳注入气流界面处的咸水蒸发会导致盐沉淀，尤其是二氧化碳含水量很低（即二氧化碳非常干燥）的情况下。盐晶体可以部分堵塞孔隙空间，使注入能力下降（Miri 等，2015）。预计这种效应会发生在靠近注气井的区域（图 3.3），Snøhvit 项目现场注入早期阶段发生了这种情况（图 3.4 中的 Ⓐ 段）（Grude 等，2014a；Pawar 等，2015），并且也在 Ketzin 二氧化碳注入试点项目（Baumann 等，2014）和加拿大 Quest 项目（Smith 等，2022）观察到这种现象。针对这一问题，Snøhvit 项目选择的解决办法是将甲基－乙二醇（MEG）溶液段塞引入注入流中，注入时间为几个月（Hansen 等，2013）。因此，大部分二氧化碳注入项目应该评价设计中是否应包含盐沉淀抑制剂溶液，这取决于咸水和二氧化碳流的化学组成。其他解决方案包括注入乙二醇或淡水。

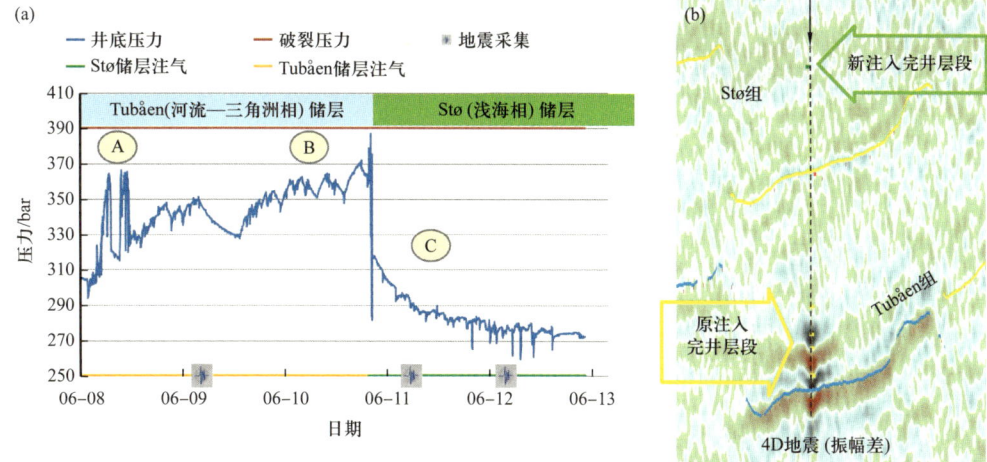

图 3.4 Snøhvit 项目前 5 年二氧化碳注入的观测结果汇总

（a）井下压力观测数据，包括注入的储层和地震测量时间（Pawar 等，2015，修改）；（b）2009 年四维地震数据（用于指导改进完井方案），注入较浅的 Stø 组（Hansen 等，2013）；图片来源：艾奎诺公司

Snøhvit 项目的长期压力上升是由地质隔挡层造成的，地质隔挡层阻碍了压力向储层单元整体扩散（图 3.4 中的"B"段）。由于远场储层中存在这种流动阻抗（推断主要隔层距井约 3000m；Hansen 等，2013），决定调整注入方式，使用同一注入井向较浅的 Stø 组储层单元注气（Hansen 等，2013；Pawar 等，2015）。实践证明，Stø 组具有很好的横向连通性（没有横向流动隔挡层），保障了压力扩散（图 3.4 中的"C"段）。因此，Snøhvit 项目（Tubåen 储层）的注入历史为如何处理和减轻近井和远井区域的注入阻力提供了有用的实例说明。随后在 2016 年钻了第 2 口注气井，也是继续注入 Stø 组（作为这个大型气田开发的一部分，注气作业可能要持续几十年）。第 4 章将进一步讨论 Snøhvit 实例研究的地震分析。

每口注入井都有与地层性质、流体系统和储层非均质性有关的独特特点。然而，通过比较示例井的性能指标并吸取这些早期项目的经验教训，可以预测可能的性能范围。井性能说到底还是一个工程设计问题，随着二氧化碳封存技术的进步，期待看到井设计的进一步优化，未来项目对注入速率和相关不确定性的预测将不断完善发展。

3.3 地质力学限制

3.3.1 应力和应变

二氧化碳注入的地质力学响应已经引起广泛关注，受关注最多的问题是岩石破裂的概率和诱发地震的可能性。为有效解决这些问题，首先应了解关于岩石应力和流体压力的根本原理。这里，重点研究大部分二氧化碳封存项目所在的沉积盆地（而非陆相基底）。图 3.5 说明了这些根本原理。

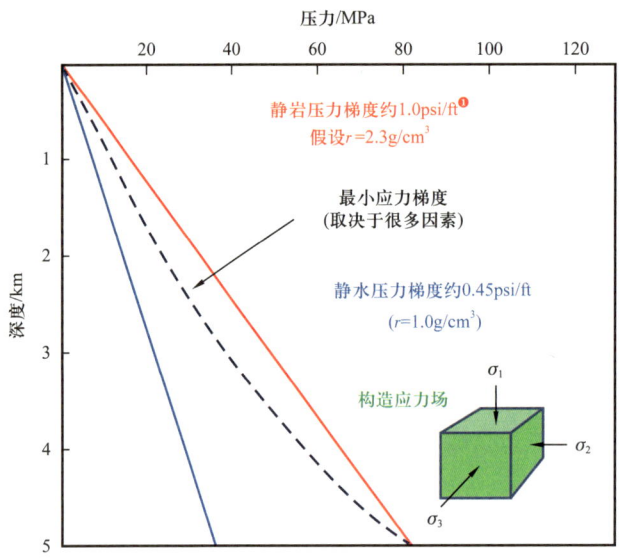

图 3.5 沉积盆地岩石应力和流体压力示意图

（1）岩石应力主要受上覆岩层重量 σ_v 控制（可由岩石密度估算），在伸展盆地，该值通常等于最大应力向量 σ_1。其他应力分量 σ_2 和 σ_3 由远场构造应力和岩石强度决定。但是，在走滑构造体系中，中间应力 σ_2 向量是垂直的；在逆冲构造体系中，最小应力 σ_3 是垂直的。

（2）在沉积盆地浅部，流体压力通常处于静水压力平衡状态，这意味着在靠近地球表面的参考点（即海平面或地下水位）下方，流体压力等于水的重力。然而，某些深度可能发育超压，即流体压力远大于静水压力。

（3）岩石破裂的点通常称为破裂压力梯度，与最小应力 σ_3 有关，也与岩石在盆地中的深度有关。岩石随深度增加而温度升高，最终破裂压力会非常接近最大应力值（因为在这些深度，岩石刚性减小，塑性增大）。

因此，二氧化碳封存项目的一个关键目标就是确保注入压力不超过破裂压力。这个目标看似简单，但精确确定极限压力是很复杂的。大部分二氧化碳注入项目可能的目的层深度段为 1～4km。项目深度需要大于 800m，以确保二氧化碳保持致密相状态，但在深度大于约 4 km 时，岩石性质往往太差，无法实现高速注入。

我们也需要理解（或提醒自己）一些基本的岩石力学概念。

（1）应力和应变：前面已经解释过，施加的应力场会导致岩石发生一定的变形，称为应变。压力通过杨氏模量 E 与应变关联起来，公式如下：

$$\sigma = E\varepsilon \qquad (3.8)$$

其中，σ 和 ε 分别为平均应力和应变。

---

❶ 1psi=0.00689MPa；1ft=0.3048m。

应变可以分解为三个正交分量（ε_1、ε_2、ε_3），对应于三轴应力场，或者可以用全张量来描述。应变也可以表示为体积应变 ε_V。

（2）有效应力：这是作用于岩石骨架的净应力，可简单定义为

$$\sigma_{\text{eff}} = \sigma - p \tag{3.9}$$

其中，σ 为总应力；p 为孔隙压力。实际应用中，经常需要将应力张量分解为其分量，例如：水平分量和垂直分量，或最小分量和最大分量。

（3）岩石压缩系数：体积变化的量度，是压力（或平均应力）的函数。全岩压缩系数 c_r 可定义如下（等温条件）：

$$c_r = -\frac{1}{V_p}\left(\frac{\mathrm{d}V_p}{\mathrm{d}p}\right)_T \tag{3.10}$$

岩石压缩系数的典型值范围为（$10^{-11} \sim 10^{-9}$）Pa^{-1}（即岩石可压缩性很小）。

（4）二氧化碳压缩系数：这取决于储层压力和温度条件，将其表达为流体密度的函数是很有用的（Vilarrasa 等，2010）：

$$c_f = \frac{1}{\rho_f}\left(\frac{\mathrm{d}\rho_f}{\mathrm{d}p_f}\right) \tag{3.11}$$

二氧化碳的压缩系数（地下条件）范围为（$10^{-9} \sim 10^{-8}$）Pa^{-1}。因此，二氧化碳的可压缩性比岩石约高两个量级。

对于二氧化碳封存问题，可以将压缩系数项与多孔介质的有效应力方程联系起来。Nordbotten 和 Celia（2012）将多孔介质的压缩系数 c_ϕ 定义为

$$c_\phi = -\frac{\mathrm{d}\phi}{\mathrm{d}\sigma_{\text{eff}}} = \frac{\mathrm{d}\phi}{\mathrm{d}p} \tag{3.12}$$

该式假设孔隙度随有效应力的变化等效于孔隙度随压力变化（即线弹性假设）。Nordbotten 和 Celia（2012）将该关系式与已知密度的单相孔隙流体质量平衡方程结合，进一步得到以下关系式：

$$\rho\left(c_\phi + \phi c_f\right)\frac{\mathrm{d}p}{\mathrm{d}t} = \rho c_\Sigma \frac{\mathrm{d}p}{\mathrm{d}t} \tag{3.13}$$

其中，$c_\Sigma = c_\phi + \phi c_f$。

这意味着，岩石—流体系统的总压缩系数（未知）可由流体和岩石压缩系数项（可测定或估算）估算出来。

在讨论二氧化碳封存项目的关键问题时，我们仍然会提到这些基本概念。有关这些岩石力学话题的进一步讨论和理解，可参见 Zoback（2007）和 Fjær 等（2021）以及其他更为全面的讨论。

3.3.2　有足够的二氧化碳封存空间吗？

对于二氧化碳注入项目，在岩石力学方面主要关注两个问题：

（1）有足够的空间封存二氧化碳吗？

（2）注入二氧化碳会引起地震吗？

在这个总结部分，我们将建立这些问题的处理框架，同时避免以往研究中产生的误解。

针对二氧化碳封存可用空间的问题，一个有用的起点是 Ehlig-Economides 和 Economides（2010）的分析。在论文中，他们得出结论："……待处理的液态或超临界二氧化碳的体积不能超过孔隙空间的约 1%。（这）使得通过地质封存二氧化碳实现二氧化碳排放管理的选择根本不可行。"

此研究认为，最大封存效率因子 ε 约为 1%，远低于二氧化碳封存能力估算研究使用的值（按第 2 章）。该论文的研究结论获得了诸多反响。例如，Cavanagh 等（2010）指出，此分析存在缺陷，是基于不正确的概念模型和过分简化的数学分析。

那么，只有 1% 的孔隙空间可用于封存二氧化碳，事实果真如此吗？实际上，多数学者均认同：无法将大量流体注入"封闭的箱子"[Ehlig Economides 和 Economides（2010）的论点]，但实际问题远比这个更加复杂。

为了理解这个问题，需要明白三个基本的限制因素：

（1）箱体的大小（封存单元）；

（2）箱体边界的性质（断层和泥页岩封闭单元）；

（3）箱体吸收增压的能力（岩石和流体压缩性）。

Zhou 等（2008）对一系列系统的封存极限进行了预测研究[图 3.6（a）]。其结论指出，完全封闭系统的封存效率因子约为 0.5%，而盖层渗透率为 $10^{-17}m^2$（0.01mD）或更高的半封闭系统在压力积聚（由于咸水泄漏）方面基本上与开放系统相似。开放系统的预测封存效率因子为 4%~6%（按第 2 章）。从地质角度看，尽管沉积盆地内的断块可以形成封闭压力箱型空间，但不可能是完全封闭的，因为断层是复杂的岩石变形带，总会有一定的渗透率（通常很低，但不可能为 0）。类似的论点也适用于密封层，包括页岩（渗透率很低，但不为 0）。此外，盆地尺度的三维断层结构可能会通过断距小的地区或发育砂体对接的断层带，产生一定程度的压力连通[图 3.6（b）]。因此，只有 1% 孔隙空间可用于封存二氧化碳的观点是基于封闭箱体这一极限假设得出的。然而，注入密封箱的"端元实例"会是一个很好的研究对象。在这种极限情况中，可用封存空间是岩石压缩系数和含水层单元/断块大小的简单函数。此框架内，较小的断层封存箱不太可能提供很好的封存靶区，但如果封存单元相对较大（例如大于 $100km^2$），压力消散可能足以实现封存，而无须达到压力极限。

地质上的实际情况总是比"箱体工程"更为复杂。Wu 等（2021）的研究很好地阐明了这一点。他们针对挪威近海 Smaehia 二氧化碳封存潜力区中二氧化碳封存能力和泄漏风

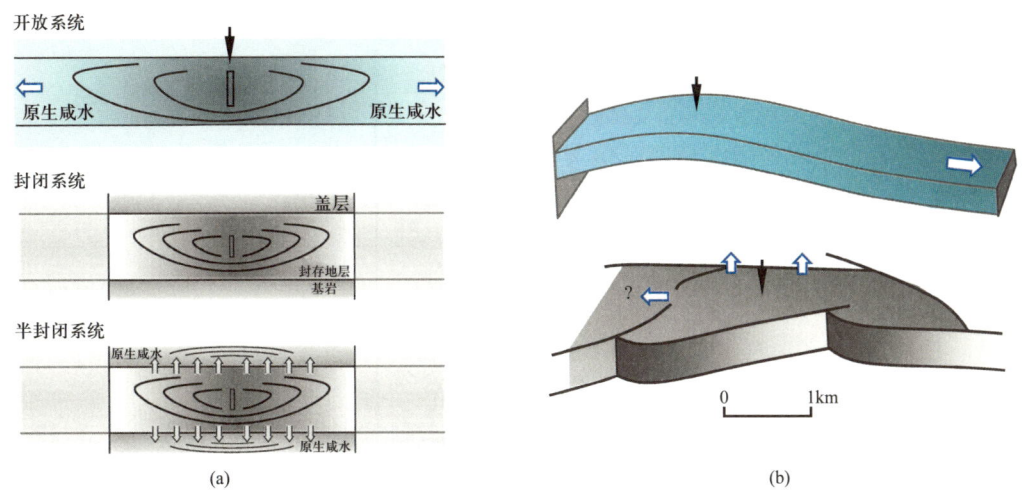

图3.6 （a）注入井段周围的开放、封闭和半封闭系统示意图（Zhou 等，2008，修改）以及（b）半开放和半封闭地质封存系统三维几何形状示例（黑色箭头表示注入点；白色箭头表示压力消散路径）

险进行了评估，其中对断层封闭性进行了研究（图3.7）。研究中，基于详细的地层和断层系三维地震解释，可以识别出维京（Viking）组砂岩与邻近的断层系的压力连通点。其中一个关注问题是，通过断层侧接缓坡开启（图3.7所示，D_1点—D_5点），Troll East 气田的压力衰竭可能影响 Smeaheia 潜力区的二氧化碳封存。另一个问题是通过东部可能发育的压力再充注点实现压力连通的可能性（图3.7，标记为 R 的点）。Nazarian 等（2018）研究表明，压力衰竭对二氧化碳封存能力的负面影响是可控的，这些负面影响甚至是有益的，可以形成大规模二氧化碳注入所需的更多"压力空间"。

3.3.3 二氧化碳封存及其诱发的地震活动

二氧化碳注入会引起地震吗？这是一个备受争议的问题，可能会因一些误解无法获得准确答案。一般而言，向断层（或裂缝）或其附近注入水会降低地层有效应力，可能加强断层滑动和相关地震活动。但注入二氧化碳与注入水不同。水几乎是不可压缩的，而二氧化碳的可压缩性要高得多。而且，二氧化碳为非润湿相，会驱替水相，优先进入更大的孔隙。这些差异已被早期的二氧化碳注入项目的观察结果所证实。这些项目揭示，尽管会诱发一些地震活动，但二者关系复杂，诱发地震活动的程度通常很低。Verdon 等（2013）报告了三个注入场所的发现，包括 Weyburn 项目，该项目注入历史较长，诱发微地震模式比较复杂。多数微地震事件都与生产井有关，或发生于注气井关井期间，而非二氧化碳注入期间。需要注意的是，微地震是指里氏震级一般小于2级的轻微地震（自然或人为原因形成）。

在对这些问题的分析中，Zoback 和 Gorelick（2012）指出，大规模二氧化碳封存可能会导致大地震，这促使他们得出"大规模 CCS 可能是一种为了大幅减少温室气体排放

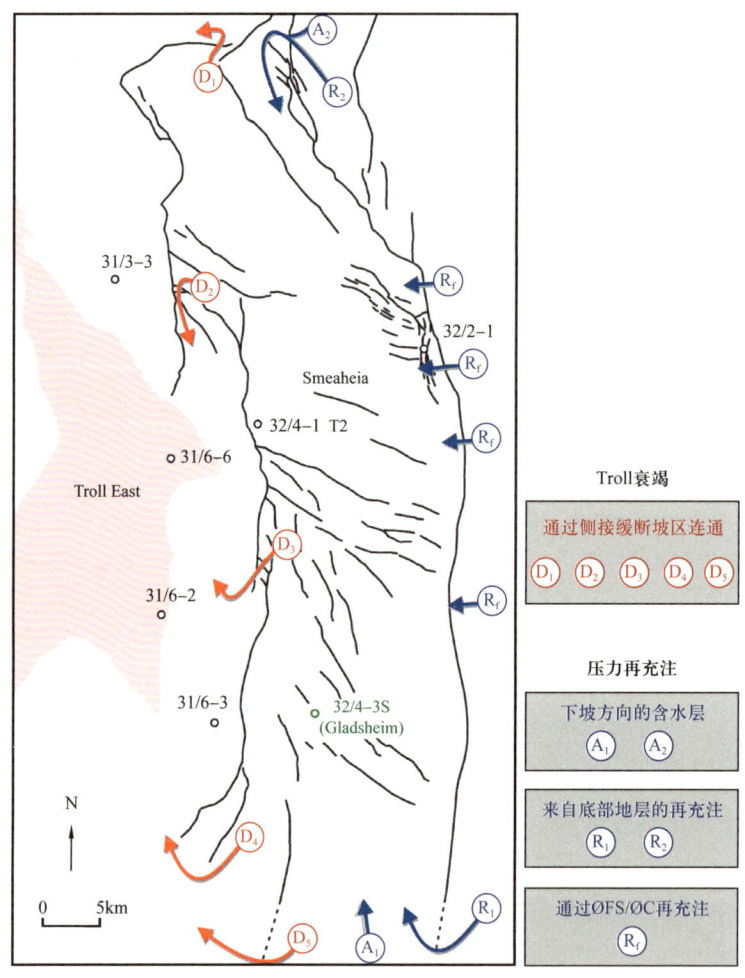

图 3.7 挪威近海 Smeahia 二氧化碳封存潜力区内维京组砂岩压力连通性评估（据 Wu 等，2021，经许可转载）

图中显示了通过断层侧接缓坡开启（D_1 点—D_5 点）而与 Troll East 区块压力衰竭可能连通的封存区含水层压力的动态关系；标记为"R"的点是穿过东部断层系（主要是 Øygarden 断层组合，ØFC）的潜在压力再充注点

而采用的危险性高、可能失败的策略"的结论。但是，他们的分析重点是向陆内常见的脆性岩石注入二氧化碳。作为对 Zoback 和 Gorelick（2012）研究结论的回应，Vilarrasa 和 Carrera（2015）认为"二氧化碳地质封存不太可能引起大地震和断层活化而导致二氧化碳泄露。"他们提出了四个主要论点支持其观点：

（1）沉积盆地通常不会产生临界应力；

（2）最高注入压力发生在注入开始时，并且可以控制；

（3）毛细管力束缚二氧化碳，同时让水消散；

（4）二氧化碳逐渐溶于咸水相。

所以，如果我们只讨论沉积盆地（岩石较软，摩擦系数较低）的二氧化碳注入和二氧化碳—咸水系统的流体动力学特征，那么认为不太可能引起大地震的观点更加合理。而且，确保注入过程中的压力增加得到严格控制，并保持在可引发地震事件的水平之下，是一项重要的缓解措施，也是二氧化碳注入项目的关键问题。

Rutqvist（2012）对理解和管理深部沉积地层二氧化碳封存地质力学所涉及的问题进行了有价值的总结（图3.8）。关键问题包括：

（1）理解压力随时间的变化；
（2）识别注入井附近的关键裂缝和断层。

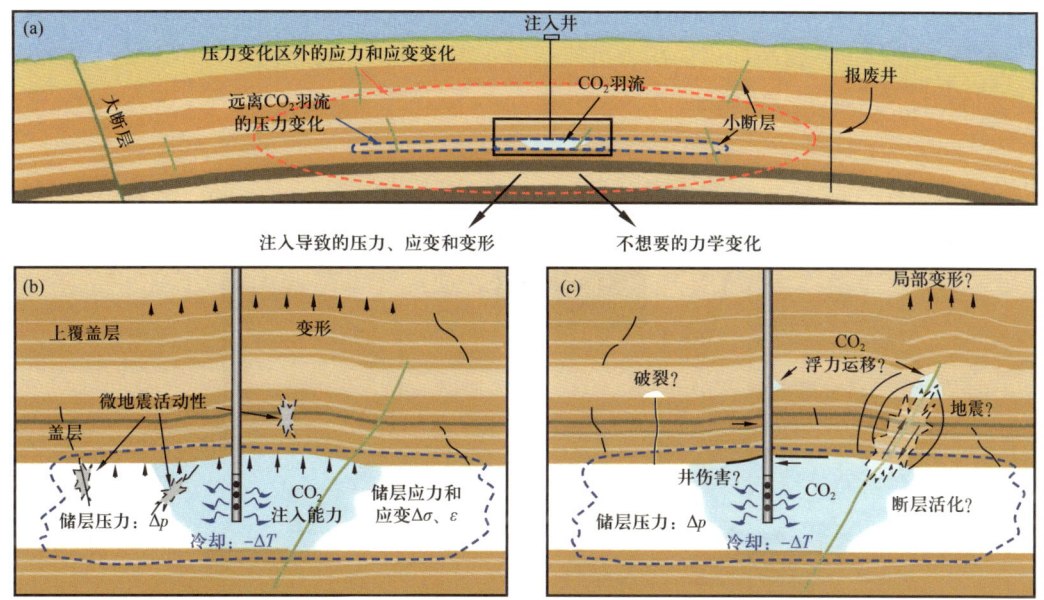

图3.8 与深层沉积地层二氧化碳封存相关的地质力学过程和关键技术问题（据 Rutqvist，2012）
(a) 发育大断层和小断层的多层体系对二氧化碳羽流、储层压力变化和地质力学变化的不同影响区域；(b) 由于储层压力和温度的变化，注入引起的应力、应变、变形和潜在的微地震事件；(c) 可能会降低封存效率并引起当地社区担忧的意外非弹性变化；图片经许可转载，©2019 Springer Nature

二氧化碳注入地质力学响应研究中的主要不确定性之一是对储层应力场和远离注入井（实际测量井）岩体地质力学性质的预测。Chiaramonte 等（2015）对挪威 Snøhvit 注入场所的地质力学分析过程（包括应力场中不确定性的处理）进行了非常有用的分析。监测地震活动的方法将在第4章讨论。

3.4 压力管理

3.4.1 盆地地压框架

二氧化碳封存项目的一个关键问题是了解和管理压力极限——二氧化碳注入压力不能超过特定的岩石力学极限。在单个项目研究（Rutqvist，2012）和盆地尺度封存潜力大规模区域评估（Gasda 等，2017；Ganjdanesh 和 Hosseini，2018）中，需要评估项目的预期压力发展，确保其不超过临界最大压力极限——通常为盖层破裂压力。处理此问题的一个好方法是从"盆地地压"框架角度来考虑它（Ringrose 和 Meckel，2019）。图 3.9 显示了挪威北海地区某近海沉积盆地内根据压力和应力趋势开展压力管理的通用方法。假设主要的封存目的层段深度为 800～4000m，那么，可以预期大部分咸水层的初始压力接近静水压力。某些情况下，深部单元（约 3000m 以深）可能发育超压，初始压力更高。但是，概念是类似的，即多数项目在达到破裂压力之前，可实现的增压范围为 5～20MPa。这与油田开发项目形成对比，后者由于漂浮烃类的存在，初始超压逐渐降低至静水压力或以下。枯竭气田的压力可能远低于静水压力，使得增压范围更大（Bouquet 等，2009；Nazarian 等，2018）。

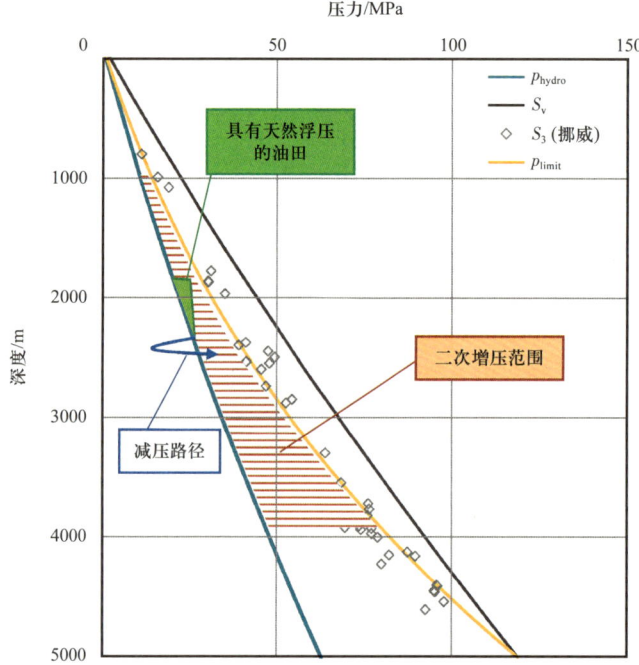

图 3.9　广义挪威北海盆地的压力—深度函数关系（据 Ringrose 和 Meckel，2019，重绘）

图中显示了封存期间含水层单元的大规模二次增压范围：p_{hydro} 是静水压力梯度，S_v 是垂直主应力，p_{limit} 是基于 Bolås 和 Hermanrud（2003）的最小应力数据（S_3）获得的最大储层压力

使用此框架，Ringrose 和 Meckel（2019）对全球近海大陆边缘二氧化碳封存资源进行了评价，提出了两大类封存项目，这两类项目终止的作业标准差异很大。

（1）A 类封存项目：在达到最大压力极限之前，充填了可用孔隙空间（图 3.10 中的含水层封存项目类型 A）；

（2）B 类封存项目：在充分利用可用孔隙空间之前，已达到最大压力极限（图 3.10 中的含水层封存项目类型 B）。

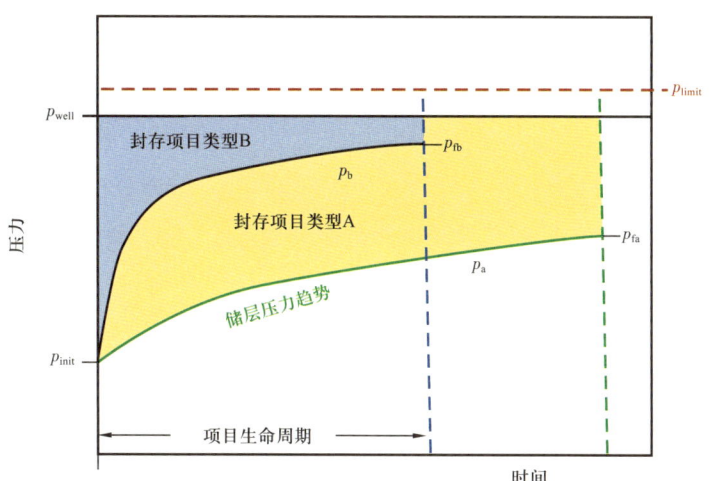

图 3.10 初始压力条件相同情况下,两个不同含水层单元的理想项目生命周期压力图(据 Ringrose 和 Meckel,2019,重绘)

将这一概念框架缩放为一组常见初始条件:初始储层压力 p_{init}、注入井井底压力 p_{well} 和极限压力 p_{limit}。极限压力可设定为估算破裂压力的一定比例,或设定为接近最小应力(Thompson 等,2022)。用于封存项目类型 A 的二氧化碳注入具有朝向最终压力 p_{fa} 发展的压力路径 p_a,封存项目类型 B 也是如此。Sleipner 项目属于 A 类情景,没有遇到压力极限。Snøhvit 项目的早期注入历史(图 3.4)属于 B 类情景。

图 3.10 展示了提出的估算压力函数的通用方法,该方法是基于项目生命周期的注入能力方程的积分,其中压力极限由盆地初始压力和地质力学压力极限定义。使用 Ringrose 和 Meckel(2019)提出的以下函数:

$$V_{project} = I_c \left[p_{well} - p_{init} + \int_{p_{init}}^{p_{final}} A p_D(t_D) dp \right] + F_b \quad (3.14)$$

其中,$V_{project}$ 为每个项目的估计封存体积;I_c 为井注入能力;p_{well} 为注入井井底压力;p_{init} 为初始储层压力;$A p_D(t_D)$ 为特征压力函数;F_b 为体积通量边界条件。

特征压力函数 $A p_D(t_D)$ 是地层物性(主要为渗透率)以及封存单元维度的函数。函数的积分在极限 p_{init} 和 p_{final} 之间,p_{final} 是根据极限条件 p_{limit} 定义的。初始压力通常为静水压力,但对于最初地层处于超压或衰竭状态的含水层,该值可能高于或低于静水压力。对于无流动边界情况的封闭咸水层(如封闭断块),$F_b = 0$。对于通过部分封闭断层从任何特定断块释放压力的情况,F_b 为正;对于一些咸水通量流入封存单元的情况,F_b 将为负。最初,假设与注入能力项相比,F_b 是一个小因素。利用多孔介质中压力传播的一般经验和知识,基于压力瞬变分析(Miller 等,1950;Dake,2001),可以合理地假设压力将遵循时间的特征函数,其无量纲压力函数的形式为

$$p_D(t_D) = \frac{1}{2}\ln\left(\frac{4t_D}{\gamma}\right) \tag{3.15}$$

其中，p_D 是无量纲压力；t_D 是无量纲时间；γ 是 1.781（与欧拉常数有关）。系数可能高于或低于 1/2，取决于储层边界条件（开放、封闭或瞬态），但该分析假设其为 1/2。该分析中忽略了二氧化碳压缩性的影响，这是一种短期瞬变效应，而整个流体—岩石系统的压缩系数嵌入 p_D 函数中。

应该强调，式（3.14）假设注入压力和注入能力是恒定的，这种简化的假设对于筛选有前景的项目很合适。对于更复杂的作业变量，需要储层数值模拟准确评估注入体积随可变压力梯度的变化情况。在项目筛选阶段，可以使用区域盆地数据以及封存单元几何形状和地层渗透率的初步估计值获取式（3.14）的参数。使用平均储层条件下密度的估算值将体积转换为质量。

为了说明这种基于压力的二氧化碳封存体积估算方法，可以将式（3.14）应用于挪威近海 Snøhvit 二氧化碳注入项目的已知压力历史。这里，只考虑 Tubåen 组储层的三年注入期，随后是向另一个较浅储层单元的第二个注入阶段（图 3.4）。使用设置在储层上方 800m 处的测量仪器测定井底压力（BHP）（Hansen 等，2013），以保证井底压力估算的准确性。将无量纲压力函数 [式（3.15）] 通过换算应用于观测到的压力历史数据中，并假设 p_{init}=290bar，使用 A=34（时间以月为单位测量）实现了良好的拟合，如图 3.11 所示。假设 p_{well} 恒定值为 380bar，使用式（3.14）估算注入体积，假设 I_c=40m³/（d·bar）（项目启动前的预期注入能力；Maldal 和 Tappel，2004）。结果是 34 个月（2008 年 6 月至 2011 年 4 月）注入 1.13×10^6t 二氧化碳。这略高于 1.09×10^6t 的实际注入量，误差为 3.7%。考虑到实际注入历史受到停工的影响，这一误差是合理的。此外，该实例中假设 F_b 可以忽略。

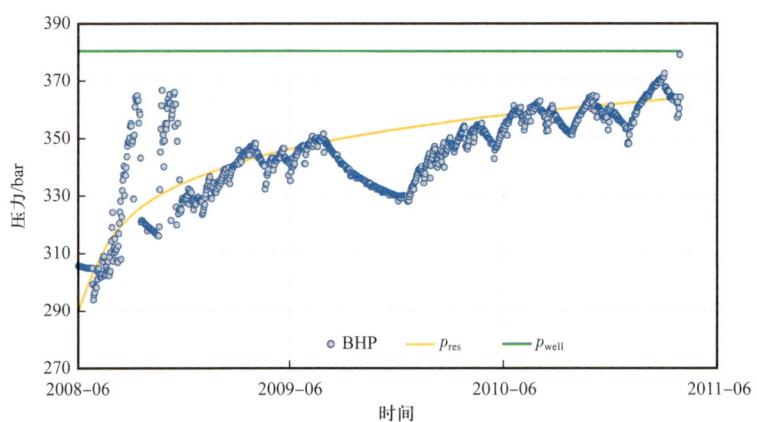

图 3.11　压力函数 [式（3.15）] 与 Snøhvit 注入实例的三年数据拟合（据 Ringrose 和 Meckel，2019，修改；补充材料）

最佳拟合系数为 A=34（以月为单位测量的时间），假设的注入能力为 I_c=40m³/（d·bar）（项目启动前的预期注入能力）；与实际注入体积相比，该函数所得结果的误差为 3.7%

Thibeau 等（2022）利用一个类似的、更加通用的含水层解析模型，结合 Van Everdingen 和 Hurst（1949）的流动方程，估算可实现二氧化碳封存体积的压力极限。其研究中展示了完全或部分关闭压力消散边界条件如何显著降低封存能力估算值。对压力边界条件的仔细分析对于二氧化碳封存项目显然是很重要的。对问题简单分析后，通过储层数值模拟方法评价盆地尺度二氧化碳封存的压力管理是一个重要的选项。例如，Gasda 等（2017）将区域压力模型作为局部尺度储层模拟的边界条件，评估了挪威近海 Utsira 组储层大体积注入期间的压力积累。他们认为大规模封存是可以实现的，而且不存在盖层破裂风险。避免二氧化碳注入项目压力过高的另一方法是采出咸水，以缓解压力上升（Birkholzer 等，2012）。澳大利亚的 Gorgon CCS 项目采用了这一方法（Trupp 等，2021）。然而，咸水生产会影响项目成本，采出咸水的安全处理也是挑战。因此，从多方面看，如果可能，最好避免这种选择。

3.4.2 Smeaheia 封存潜力区二氧化碳注入体积与压力分析

为了说明盆地压力分析方法，Ringrose 等（2022）将其提出的方法应用于挪威西海岸的 Smeahia 二氧化碳封存潜力区。根据三维地质模型定义断块，简化为一系列不同的断层流体封存箱情景，以反映断块之间压力连通性的真实不确定性。之后，利用该方法预测多个断块和地层单元内的压力上升和衰减。基于可用的盆地数据（Guo，2022；Nybråten，2022），对特征注入井特征压力函数和限制条件（受断块尺寸、岩石压缩性和断裂极限控制）采样并进行建模分析。使用广泛的扩展泄漏测试（XLOT）数据库，根据最小水平应力（S_{hmin}）的深度趋势设置加压限制（图 3.12；Thompson 等，2022）。

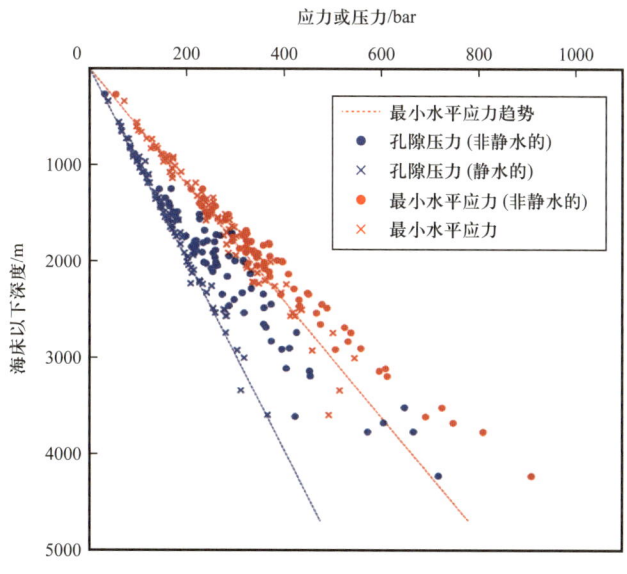

图 3.12　全球最小应力数据示例（据 Thompson 等，2022，修改）

将解析建模方法［式（3.14）］应用于 Smaehia 断层封存区。为简单起见，区内所有断层均假设为封闭边界，从而形成受估算断块大小和地层压缩性限制的压力封存箱。此外，还假定了初始静水压力（事实上 Smeaheia 的一些地层已经压力衰竭）。各断块内的富砂（净/毛比较高）地层单元假设是侧向连续的，即"千层饼"式地层。这类有前景的断层流体封存箱包括 3 套封存地层，视为深度域内的 3 套隔层。根据以往断层封闭性分析研究（Wu 等，2021），结合简化的断层扩展模式，建立人工边界，构建三个不同的压力流体封存箱场景，以测试该方法（图 3.13；Nybråten，2022）。同样，假设外边界是封闭的。根据该地区的大断层，情景 B 每套地层由 6 个断层流体封存箱组成。情景 C 还增加了较小的断层，每套地层发育 12 个断层流体封存箱。情景 D 具有高度分区特征，区域内大多数断层在各个方向上连通，每套地层形成 24 个断层流体封存箱。实际断块连通性未知，可能与情景 B 或情景 C 类似。

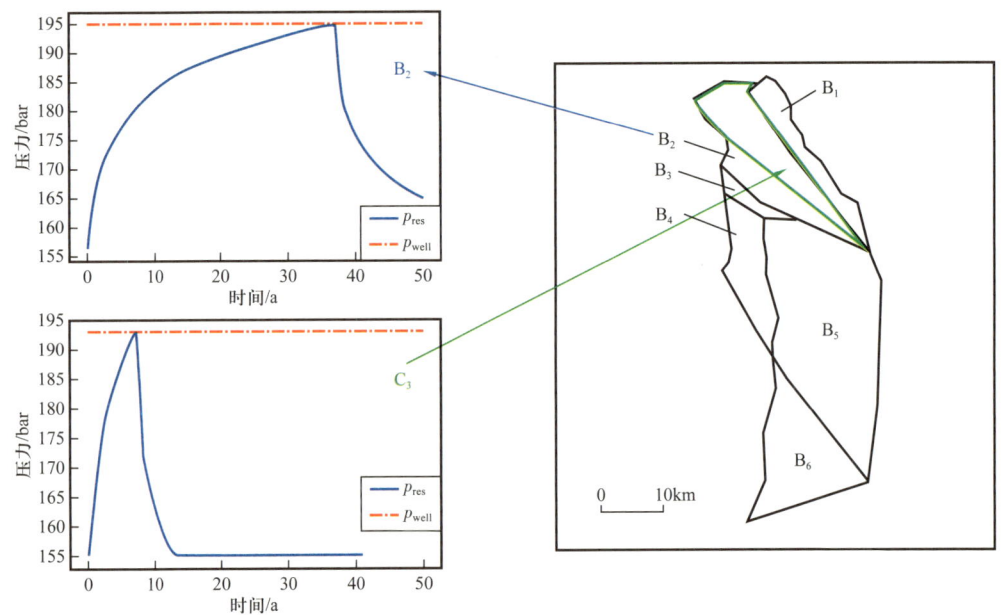

图 3.13 Smaehia 实例研究中考虑的断层流体封存箱情景示例（据 Nybråten，2022，修改）

情景 B（右图）：每套地层发育 6 个断层流体封存箱；情景 C（未显示）：每套地层发育 12 个断层流体封存箱，其中 B_2 分成 2 个封存箱（如图所示）；情景 D（未显示）：发育 24 个断层流体封存箱；左图为对应的估算压力函数，其中与较大的流体封存箱（B_2）相比，较小的断层流体封存箱（C_3）更快达到极限压力

这种简化分析方法假设二氧化碳分别注入每个压力封存箱（每个封存箱使用一口井），式（3.14）应用于每个断层流体封存箱。然后，使用该方法估算每个压力封存箱的二氧化碳封存体积，不超过压力极限（图 3.13 左图）。其中一个研究发现是，多数封存箱没有达到地层压缩性极限。也就是说，在大多数情况下，达到最大井压极限时，注入停止了，然后压力衰减，恢复至初始压力。其他情况下，地层注入能力限制了封存容积。

图 3.14 显示了一个示例结果（Guo，2022；Ringrose 等，2022），绘制了注入 25 年后

每个异常压力流体封存箱的压力与注入的二氧化碳质量的关系图,每次注入都是从第1年开始的。这里,所有封存箱的岩石压缩系数设为 $5.0\times10^{-9}Pa^{-1}$,每套地层的孔隙度恒定,假设 Sognefjord 组、Fensfjord 组、Krossfjord 组的孔隙度分别为 30%、27%、23%。根据封存箱的平均埋深计算得到每个封存箱的初始压力和最大井压。基于 NIST 在线数据库选择二氧化碳密度,进而得到密度与初始压力之间的关系,然后转换为每个封存箱的深度。注入能力分别为 1000t/(d·bar)(Sognefjord 组)、500t/(d·bar)(Fensfjord 组)、50t/(d·bar)(Krossfjord 组)。所有封存箱的注入压力与地层压力的初始压差设为 3MPa。

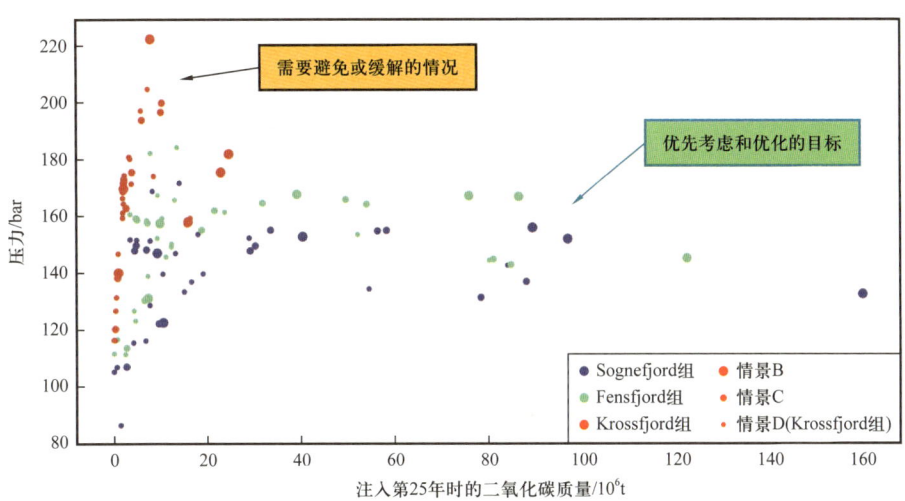

图 3.14 注入 25 年后多个断块注入二氧化碳质量与压力关系预测示例(据 Guo,2022;Ringrose 等,2022;修改)

不同颜色表示不同的注入地层,各点大小对应不同的封存箱情景

根据这一组假设观察到,Krossfjord 组断层封存箱随注入体积的压力上升幅度最大,注入 50 年后,每个断块的最终注入体积小于 30×10^6t。Sognefjord 组渗透率较高,每个断块的注入体积更大,达到 100×10^6t 以上。更大(情景 B)断块的注入体积往往更大,但主要取决于地层物性和深度。还可以在结果中看到,断块呈簇状发育。通常,一簇断块(图 3.14 左侧)达到地质力学极限,而其他簇(图 3.14 中间和右侧)则受到地层注入能力的限制。总的来说,这些 Smaehia 有潜力封存场所的大规模二氧化碳封存似乎是可信的,并且每个断块都有发现多个封存能力超过 50×10^6t 的封存场所。

以上多个二氧化碳注入项目/井增压估算的解析方法的说明,仅作为如何应对大规模二氧化碳注入压力管理挑战的指南。

4 优化地球物理监测方法[1]

4.1 监测概述

4.1.1 背景

在过去的 30 年里，对二氧化碳封存项目进行有效监测引起了人们的极大关注，并成为研究重点，产生了一些可以指导未来项目的最佳实践文档和教科书（Chadwick 等，2008；Davis 等，2019）。针对油气藏监测发展形成的许多技术可以调整并应用于二氧化碳封存监测，特别是目前石油工业中广泛使用的时移地震油气藏监测技术（Lumley，2001），这也非常适合监测地下二氧化碳羽流，正如 Sleipner 项目所证明的那样（Arts 等，2004）。然而，二氧化碳封存监测给我们带来了与地下二氧化碳行为相关的一些额外挑战，以及对确保长期安全封存的担忧。简而言之，监测二氧化碳封存的物理原理与油田监测略有不同，社会需求更为广泛。

一套二氧化碳封存项目的监测组合必须满足以下几个要求：
（1）确保场地作业安全；
（2）满足监管要求；
（3）解决公众对可能发生泄漏的担忧；
（4）确保二氧化碳的长期安全封存。

为了满足这些需求，先导项目已经尝试开发适合不同目的的监测方法，从这一过程中吸取的经验教训对未来的项目非常有价值。在解决实际需要什么样的监测这一问题时，项目需要考虑与不同利益相关者观点相关的三个基本问题：
（1）从作业的角度来看，哪些监测是重要的？
（2）从监管的角度来看，需要进行哪些监测？
（3）什么样的监督符合公众利益？

尽管最终的监测方案必须解决这三个问题，但这些观点可能会导致相互冲突的需求和优先事项。另一个主要的技术挑战是，项目可能需要监测大量的岩石体积，即不仅是储层（咸水层）目标区，而且还有上覆地层，周围区域的地表环境，地面设施（管道、井口

---

[1] 本章由 Philip Ringrose、Ricardo Martinez、Martin Landrø 共同完成。

等），以及封存场所关停后的许多年时间。

这些广泛的需求给项目优先级决策带来了重大挑战，了解每个特定项目实际需要哪些监测活动将是广泛部署二氧化碳封存项目的关键。

4.1.2 监测目标和定义

根据欧洲封存指导文件（European Storage Directive）（欧洲委员会，2009），二氧化碳封存场地监测方案的总体目标是验证封存情况，并将泄漏风险降到最低。不同的国家司法管辖区可能有略微不同的措辞和立法，但目标是相似的。注意以下使用的通用术语：

（1）监测（Monitoring）＝定期观察和记录项目或方案（这是欧洲委员会二氧化碳封存指导文件中的首选术语）；

（2）MMV＝测量、监测和核实（二氧化碳封存项目监测活动的技术说明）；

（3）MVA＝监测、核实和核算（类似于MMV，但包括法定核算方面；这是美国国家能源技术实验室最佳实践中的首选术语）。

此外，二氧化碳封存项目的MMV方案需要解决项目主要阶段的问题（参见图1.3）：

（1）注入前（选址）；

（2）作业；

（3）封存场所关停；

（4）关停后。

在实现这些目标时，通常将两个主要目标定义为：

一致性：核实地下封存情况是否按照预期进行；

封闭性：确保和核实注入的二氧化碳被限制在封存综合体内活动。

第三个重要的技术目标是：

应急：对检测到的任何异常做出反应的能力，并在必要时阻止可能发生的任何泄漏。

还必须满足各种重要的监管要求，包括：

（1）每年至少向主管当局报告一次（欧洲委员会指导文件）；

（2）满足环境保护要求，特别是保护地下饮用水源（美国环境保护署对地下饮用水源的规定）或保护海洋环境（《伦敦公约》和《保护东北大西洋海洋环境公约》）；

（3）在关停后监测阶段处理法律责任并最终将场地责任移交给相关国家当局的协议。

有关二氧化碳封存的法律和监管方面的更多文献，请参阅Dixon和Romanak（2015）以及Dixon等（2015）的相关文章。

4.1.3 设计监测方案

在讨论决定监测方案中包括什么方法之前，回顾一下示例项目中所做的选择是有意义的。表4.1总结了五个开创性项目所做的主要选择，这些项目涵盖了海上和陆上环境。在对监测技术更全面的回顾中，Jenkins 等（2015）发布了一份更完整的项目和技术清单，其中包括两个二氧化碳提高采收率和封存项目（Weyburn 和 Cranfield）以及一个用于研究的注入场所（Otway）。

表 4.1 五个二氧化碳封存项目所采用的监测方法概述

监测技术	项目				
	Sleipner（海上）	In Salah（陆上）	Snøhvit（海上）	Decatur（陆上）	Quest（陆上）
井口监测	√	√	√	√	√
井下流体	√	√	√	√	√
四维地面地震	√	√	√	√	√
四维 VSP 地震（DAS）					
四维重力场监测	√		√		
微地震		√		√	√
井下仪器			√	√	√
海底调查	√		√		
卫星（InSAR）		√			
地面气/浅层气	√			√	√
地下水取样		√		√	√

注：表中只是所应用的主要技术的概要，并没有记录在这些场所部署的所有技术。

尽管每个场所的技术选择都涉及特定场所相关的因素，但仍可以得出一些一般结论：

（1）所有这些场所都使用了井口监测、井下流体取样和时移（四维）地震，证明了它们对二氧化碳封存项目的重要价值；

（2）有些技术仅（或主要）适用于陆上场地，例如 InSAR（合成孔径雷达干涉监测）和地下水取样；

（3）已经证明时移（四维）重力场监测在海上环境中更有价值；

（4）对于早期的项目（1996 年的 Sleipner 项目和 2004 年的 In Salah 项目）来说，永久性井下测量技术还不成熟，但随着现在的广泛应用，这项技术更为可靠。

Furre 等（2017）、Mathieson 等（2010）、Hansen 等（2013）、Bourne 等（2014）和 Couëslan 等（2014）对这些项目所选择的监测方法进行了更全面的描述。

需要记住的是，监测技术在不断改进，成本也在逐渐下降，因此未来的项目将更可能采用成熟与经过验证的技术。特别是，井下光纤传感是一个迅速发展的领域，很可能在未来的场地得到广泛部署。关键技术是分布式温度传感（DTS），用于主动地震成像和记录地震波同相轴的分布式声学传感（DAS）以及直接测量岩石应变的分布式应变传感

（DSS）。最近，加拿大 Quest（Bourne 等，2014；Mateeva 等，2014）和 Aquistore（Worth 等，2014；White 等，2017）陆上二氧化碳封存项目证明了时移垂直地震剖面（VSP）可以作为经济有效监测羽流生长的一种手段。

根据迄今为止的项目经验，可以推断出理想的二氧化碳监测组合的概念图（图4.1）。预计对未来项目至关重要或占主导地位的工具和方法包括：

（1）地质场所表征数据集，包括几口井（具有大量测井和取心项目）、地表调查和覆盖场地的三维地震勘探；

（2）标准井口和井下测量（定期或连续测量压力、温度和流体成分）；

（3）时移（四维）地震监测（地震采集类型和重复间隔有很多选择）；

（4）井下和地面分布式光纤传感（DAS 和 DTS）；

（5）使用三分量检波器阵列或地表变形监测（例如，使用卫星 InSAR 数据集）监测岩石应变和微地震事件；

（6）重力场监测，特别是大型海上项目；

（7）地面气体监测（陆上和海上环境的策略明显不同）。

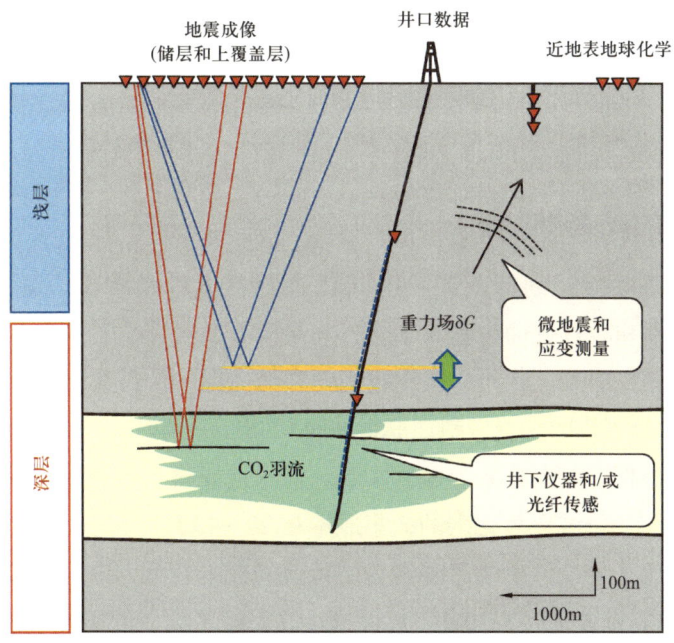

图 4.1 封存场所监测方案的理想化示意图

关于监测技术选择的另一个重要观点是：从监管的角度来看，可能需要什么。IEAGHG（2016）和 Hannis 等（2017）对海上环境中的这个问题进行了审查。他们的分析区分了浅层和深层监测，以及监测行动如何满足与一致性、封闭性和应急相关的要求。一般来说，监管和公共利益倾向于优先考虑对浅层或地表环境的监测，而从作业方面考虑则更关注封存单元或其附近的深层监测,需要对目标进行平衡。Furre 等(2020)概述了 Northern Lights 项目的计划战略,该项目将于 2024 年开始注入(图 4.2)。他们解释了监测方案是如何分为计划监测和触发监测的。计划监测包括井中监测和较大地下区域的地震监测(主动和被动)。触发监测是针对计划监测表明地下封存情况未按预期进行或注入的二氧化碳未被限制在封存地质体内的情况。这允许采用平衡且具有成本效益的监测策略。

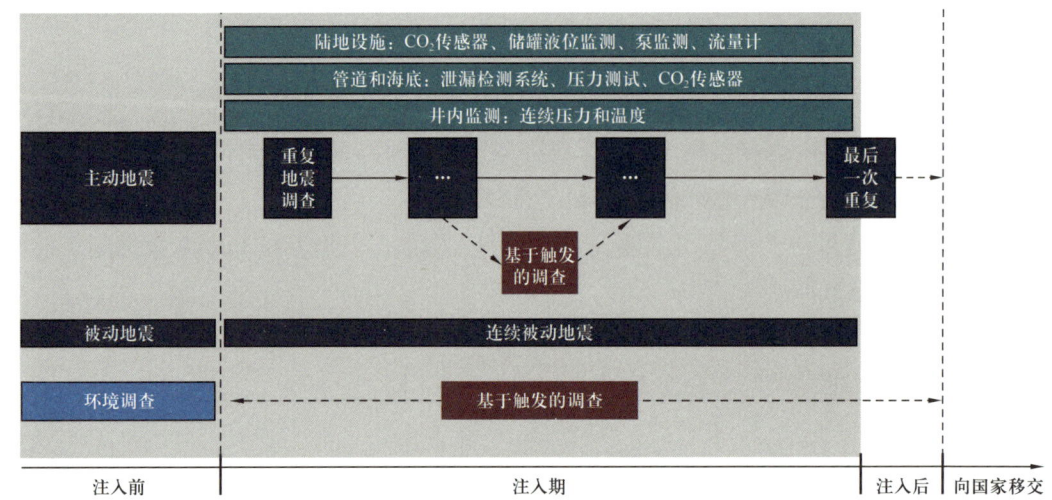

图 4.2　Northern Lights 项目监测方案概述(据 Furre 等,2020,经许可转载)
持续监测以绿色表示;计划监测以深灰色表示;触发监测以红色表示

4.1.4　监测的成本和收益

在同意了一项监测计划后,下一个问题是它的成本是多少。关于碳捕集和封存(CCS)项目的成本和融资方面讨论有很多,如果没有某种形式的税收激励或碳价格,人们将不愿意开展 CCS 项目。然而,假设我们正在努力向一个减少温室气体排放的社会发展,并要建立了一套可行的融资机制,那么询问 CCS 的成本为多少通常是合理的。

通过几项独立述评有助于建立一个框架。全球碳捕集与封存研究院(GCCSI)述评(Irlam,2017)表明,每吨二氧化碳的捕集成本在 20~130 美元之间(2017 年 5 月按比例换算为美元),天然气加工、生物乙醇和化肥行业的成本较低,电力行业以及水泥和钢铁行业的成本较高。零排放平台(2011)述评概述并讨论了类似的捕集成本,该述评侧重于清洁能源系统的平准化成本(成本按比例调整为 2020 年时的欧元)。一些捕集技术可能更昂贵,例如 CCS 生物能源(BECCS),其每吨二氧化碳的捕集成本估计在 140~270 美元之间(英国皇家学会,2018;Bhave 等,2017),以及直接从空气中捕集与封存(DACCS),其每吨二氧化碳的捕集成本通常在 200~600 美元之间。

零排放平台(2011)述评还将运输和封存成本分开,建议每吨二氧化碳的封存成本在 1~10 欧元之间,具体数额取决于不同的封存方案。除封存成本外,每吨二氧化碳的运输成本可能至少为 10 欧元。这在很大程度上取决于项目的性质。例如，陆上封存通常比海上场地便宜，新的咸水层开发通常比重复使用石油和天然气设施的场地更昂贵。

此外，很明显，在技术成熟和规模经济使成本降至上述范围之前，示范项目的成本可能会更高。Greenberg 等（2022）以美国伊利诺伊盆地（陆上）Decatur 项目为例，详细回顾了 CCUS 项目的成本。在这里，实际示范项目用于封存和监测的成本约为每吨二氧化碳 60 美元，预测情景的规模经济可以将这一成本降至每吨二氧化碳 4～14 美元（取决于项目的规模）。因此，作为一个框架，可以假设 CCS 项目的总成本可能会降至 50～200 美元 / 封存每吨二氧化碳（如果使用"欧元 / 吨二氧化碳"的单位，基本上也是在相同的范围）。

接下来，我们可以问一下：监测活动将需要多少成本？

零排放平台（2011）报告在分析中将这一成本分开，表明监测成本会在 0.6～1.7 欧元 /t 的范围内，约为封存成本的 10%，或仅占 CCS 项目总成本的 1%。在基于挪威参考案例的海上监测综述中，Ringrose 等（2018）还根据 Sleipner 和 Snøhvit 项目的历史经验，假设了一组理想化的参数，估算了监测项目的典型成本。其推断的生命周期内监测成本估计约为 2 欧元 /t（以 2015 年为参考）。在这里，参考项目生命周期监测成本估计为 4200 万欧元，根据所做的假设（项目生命周期假设为 25 年），其变化范围很大。关停后的监测成本没有明确规定，但可假设在总体估算成本的 ±40% 不确定性范围内。

由于监测成本只是 CCS 项目总体成本的一小部分，因此关于监测方案中潜在成本节约的任何讨论都需要与确保成功和连续的二氧化碳封存作业所获得的收益相平衡。监测的积极价值可以通过降低作业成本（如提高注入井的规律性）和避免额外成本（包括需要安排计划外的修井、钻额外的井或处理暂停注入期）进行量化。海上项目尤其如此，其中新注入井成本为 5000 万～1 亿欧元，主要的修井成本约为 1000 万欧元（Ringrose 等，2018）。因此，在整个项目框架内，监测可以节省成本。

尽管监测对于确保整个 CCS 价值链的成功具有明显的积极价值，但仍需要努力优化监测系统并降低总体成本。有很多方法可以做到这一点，包括以下方面：

（1）采用有限的（陆地或海上）地震采集，少量进行一些关键三维地震，在关键三维地震之间辅以稀疏的监测排列；

（2）尽可能使用井下光纤监测，包括光纤部署的压力计、分布式温度传感器和分布式声学传感器；

（3）使用"触发测量"的理念，仅在检测到有异常时才进行额外的测量；

（4）制定主要针对目标关注点（如废弃井口、管道和天然渗流点）的环境监测策略。

未来监测技术将如何发展很难预测；但从根本上讲，监测系统应当用于优化二氧化碳注入作业，并向利益相关者保证项目正在安全推进。不应将监测仅仅视为项目的需求（或成本）；应该将它看成是一项有益的活动，确保封存项目终身运营的整体成本效益。如图 4.3 所示，监测技术和综合数据分析的快速发展为智能和具有成本效益的监测系统提供了巨大的潜力。

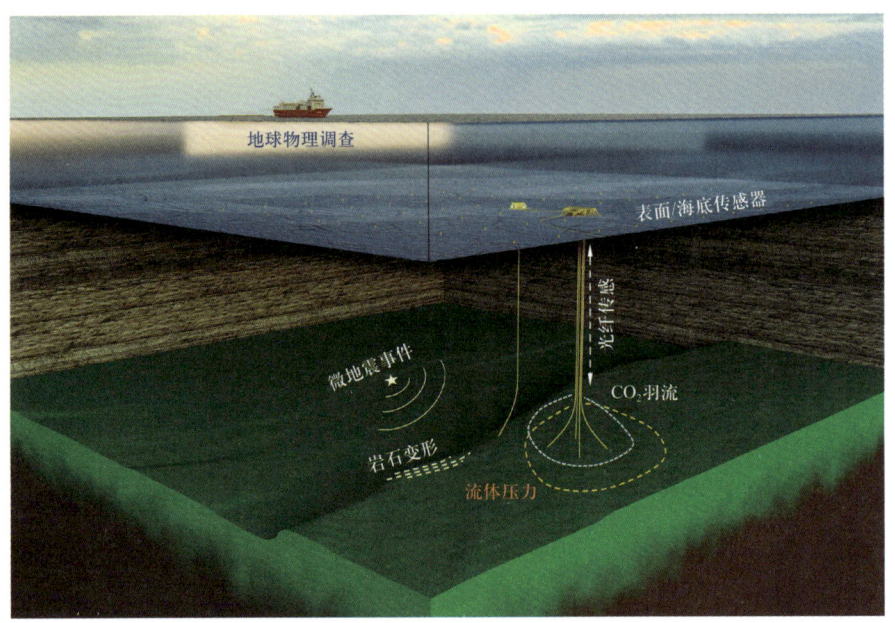

图 4.3　海上二氧化碳封存项目的地表和地下传感系统示意图（图片由艾奎诺公司提供）
重点介绍了使用光纤传感检测应变和压力，以及使用船舶或海底传感器进行常规地震监测

4.2　地球物理监测方法

4.2.1　四维地震监测的主要原理

简单地说，二氧化碳封存单元的时移（四维）地震监测的主要原理是观察封存单元中二氧化碳存在所导致的波阻抗（AI）变化。回想一下，波阻抗是压缩波速度（v_p）和岩石密度（ρ）的乘积。时移地震监测原理首先被成功应用于监测油气藏中水替代油所引起的波阻抗变化（Landrø 等，1999），随后发现这是监测咸水层中水被二氧化碳置换的一种很好的方法（Arts 等，2004；Chadwick 等，2010）。考虑封堵性泥岩（密度较高）下方的多孔性砂岩（密度稍低）之间的界面，我们感兴趣的是地震波反射系数 R 如何随流体饱和度的变化而变化。这种界面处的波阻抗随入射角而变化，因此最初关注零偏移距反射系数是有用的（Landrø 等，1999）。初始反射系数由下式给出：

$$R_0 = \frac{\Delta AI_0}{2AI} \tag{4.1}$$

流体饱和度变化后引起的反射系数由下式给出：

$$R_1 = \frac{\Delta AI_1}{2AI} \tag{4.2}$$

然后，就可以得到界面处反射强度相对变化的近似值：

$$\frac{\Delta R}{R} = \frac{\Delta AI_1 - \Delta AI_0}{AI_0} \tag{4.3}$$

对于诸如 Sleipner 项目中 Utsira 组高孔隙度砂岩，引入二氧化碳会导致砂岩层的波阻抗大幅降低，波阻抗从充满咸水的大约 4000 [（m/s）·（g/cm^3）] 降低到充满二氧化碳的小于 2500 [（m/s）·（g/cm^3）]（Chadwick 等，2010）。这就使该界面的波阻抗显著降低，反射强度变化约为 $\Delta R/R=0.5$。

通过零偏移距反射系数的变化结论，引导我们看一个更复杂的函数——Zoeppritz 方程，它们描述了地震波能量在界面处如何被分解为反射波和折射波。该方程最常见的简化是 Shuey 近似，广泛用于地震振幅随入射角度变化（AVA）分析，它给出了反射系数作为入射角 θ 的函数，形式为

$$R(\theta) = R(0) + G\sin^2\theta + F(\tan^2\theta - \sin^2\theta)$$

$$G = \frac{\Delta v_p}{2v_p} - 2\frac{v_s^2}{v_p^2}\left(\frac{\Delta \rho}{\rho} + 2\frac{\Delta v_s}{v_s}\right)$$

$$F = \frac{\Delta v_p}{2v_p} \tag{4.4}$$

式中，$R(0)$ 为零偏移项；G 和 F 分别为描述了界面上岩石性质的对比度；v_p 是纵波速度；v_s 是横波速度。使用这一框架，可以区分压力和流体饱和度对时移地震数据观测变化的影响，正如 Landrø（2001）所证明的那样，这将在下面讨论。

图 4.4 显示了这些时移效应在 Sleipner 二氧化碳封存场地的表现，在该处，高孔砂岩使时移效应特别明显。红色/黄色反射对应于二氧化碳填充砂岩层顶部波阻抗的降低，蓝色反射对应于二氧化碳填充层底部波阻抗的增加。顶层（第9层）也显示出从较厚的二氧化碳层（厚约10m）到较薄的二氧化碳层（向北）的明显过渡。在较厚的二氧化碳层中，层顶部和层底部的反射清晰可见；在较薄的二氧化碳层中，反射合并成更复杂的复波，称为薄层调谐效应。

二氧化碳层顶部的波阻抗变化受到二氧化碳层厚度和二氧化碳饱和度的影响。可以测量（或模拟）纵波速度如何随流体饱和度而变化，如图 4.5 所示（Furre 等，2015）。使用具有不同厚度和饱和度的二氧化碳层的楔形模型，可以估计振幅变化将如何取决于饱和度相关的速度（图 4.5 左下角的插图）和层厚度（图 4.5 右下角的插图）。速度如何随二氧化碳饱和度变化也存在不确定性，进一步增加这个问题的复杂性。

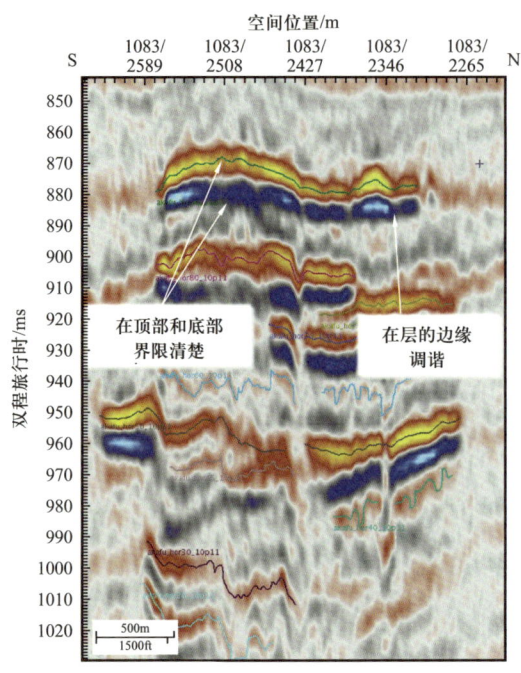

图 4.4 2010 年 Sleipner 项目地震振幅数据的剖面图示例（据 Ringrose 等，2021，修改；图片由艾奎诺公司提供）

显示了二氧化碳羽流上层的振幅变化；红色/黄色反射对应于二氧化碳填充砂岩层顶部波阻抗的降低，蓝色反射对应于二氧化碳层底部波阻抗的增加；顶层（第 9 层）中二氧化碳厚度的变化在左侧的反射分离和右侧的薄层调谐效应中很明显

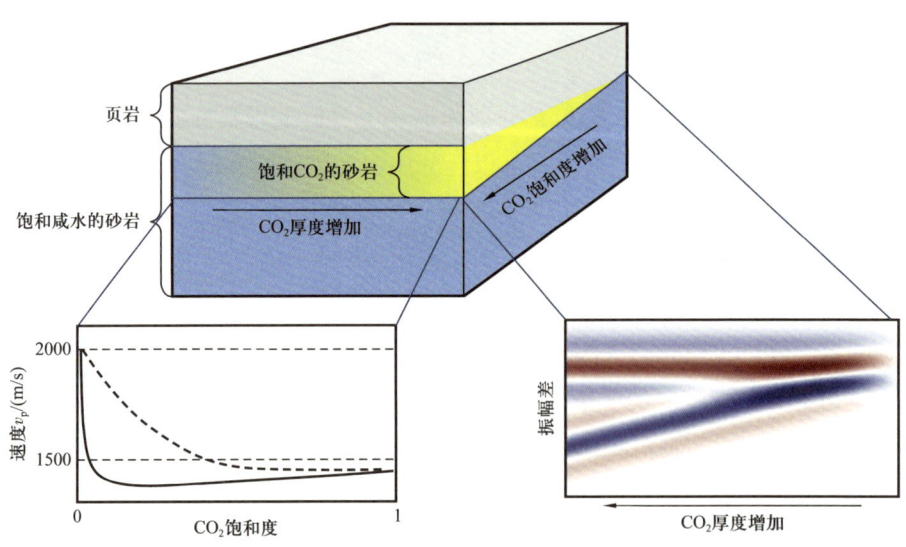

图 4.5 使用具有不同厚度和饱和度的二氧化碳层的楔形模型，说明从地震数据中检测具有未知二氧化碳饱和度的薄层的挑战（据 Furre 等，2015，修改）

振幅变化取决于饱和度相关的速度（左下）和层厚度（右下）；速度模型显示了两种不同的速度—饱和度模型（基于 Chadwick 等，2019）；实线表示 Brie 指数为 40，对应于更均匀的流体分布，虚线表示 Brie 系数为 5，对应于"斑块状"饱和度分布

因此，图 4.5 显示了两种速度—饱和度模型（Chadwick 等，2019），其中将均匀流体分布（实线）与斑块饱和模型（虚线）进行了比较。对于均匀饱和速度模型，二氧化碳饱和度（S_{CO_2}）的微小变化会导致纵波速度（v_p）的快速下降（这意味着最初到达地层的二氧化碳可以被检测到），但此后随着饱和度的继续增加，纵波速度的变化很小。Chadwick 等（2019）认为纵波速度和二氧化碳饱和度之间存在更渐进的关系，这意味着饱和度测定是可能的，而 Furre 等（2015）则主张采用均匀饱和度速度模型。这是一个尚未解决的问题，但在解释四维地震数据时，重要的是要记住这些相互作用的问题。

尽管存在这些复杂性，但如图 4.6 所示，在 Sleipner 工区多套地层中检测二氧化碳是可能的。顶部几层的成像效果最好，深层会受到波干涉和速度下拉效应的影响。在解决了子波调谐和时移效应后，Furre 等（2015）能够使用第 9 层中二氧化碳引起的时移量估计该层中二氧化碳的厚度。因此，有相当大的潜力使用四维地震参数的组合（即反射振幅变化、AVO 效应和时移）提取一个或多个二氧化碳层的定量参数，这将在下面讨论。

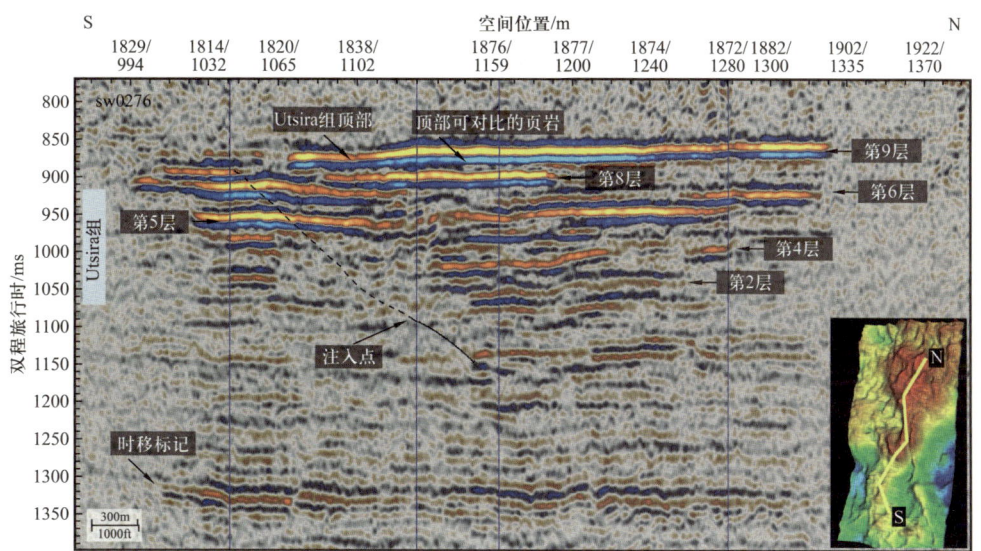

图 4.6　Sleipner 项目的南北向地震剖面［据 Furre 等，2015，修改；数据经 Sleipner 集团公司许可发布；艾奎诺能源公司（作业方）、埃克森美孚勘探与生产挪威子公司、LOTOS 勘探与生产北欧子公司和 KUFPEC 挪威子公司］

显示了 1994 年和 2010 年时移地震振幅差数据；该剖面确定了主要的二氧化碳填充层（如果可能的话）

4.2.2　其他地球物理监测方法

尽管时移地震监测可能是二氧化碳封存项目一致性监测的基础，但其他方法对于监测的其他方面（特别是封闭性保障）也很重要。迄今为止，最有希望和价值的方法包括：

（1）时移重力测量；

（2）时移地面变形（使用 InSAR）；

（3）海洋环境中的声学传感；

（4）涉及气体检测的方法（陆地和海洋环境）；

（5）电磁方法，包括电阻率层析成像（ERT）和可控源电磁（CSEM）。

在 Sleipner 场地进行了几次时移重力测量，为我们提供了该项目二氧化碳封存质量平衡的额外保证、封存单元中二氧化碳平均密度的估计，以及二氧化碳溶解速率的上限（Alnes 等，2011）。图 4.7 显示了基于 2002 年至 2013 年重力场变化反演的 Sleipner 项目二氧化碳总厚度变化实例。尽管提供的数据分辨率比四维地震更低，但重力数据提供了一个独立的证据，证明二氧化碳被限制在预期的目标层和构造圈闭中（Furre 等，2017）。

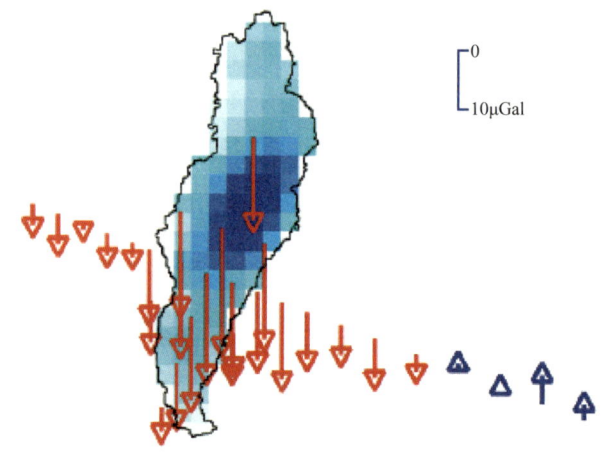

图 4.7 基于 2002 年至 2013 年重力场变化反演的二氧化碳总厚度变化（图片来自 Furre 等，2017；© 爱思唯尔有限公司，经许可转载）

红色箭头表示测量的重力场减小，蓝色箭头表示增加；最大二氧化碳厚度变化约为 35m（深蓝色阴影）

通过结合地震和重力数据也可以得到认识（Landrø 和 Zumberge，2017）。多种物理场数据集的联合反演，如将电阻率层析成像（ERT）数据与地震全波形反演相结合，也显示出提取流体饱和度定量信息的一些前景（Rippe 等，2018）。

可控源电磁（CSEM）调查在二氧化碳封存监测中的成功应用尚未在实际场地得到证明，但当与地震监测或浅层异常检测相结合时，它显示出一些应用潜力（Fawad 和 Mondol，2021）。

合成孔径雷达干涉监测（InSAR）是一种低成本的基于卫星的技术，这种技术引起了人们对二氧化碳场地监测的极大兴趣。事实证明，该技术在干岩沙漠的阿尔及利亚 Krechba 二氧化碳注入场地特别有用（Mathieson 等，2010；Vasco 等，2010），该处地表变形可能与 2km 深处的压力变化相关。图 4.8 为 InSAR 数据集例子，其中宽椭圆地表隆起样式与该深度预测的各向异性渗透率张量相匹配（Bond 等，2013）。这证实了 Vasco 等（2008）提出的假设，即隆起样式对应于由注入单元渗透率控制的地下压力场。请注意，注入井 KB-501 与地表隆起非常匹配（表明压力场主要由裂缝控制），而 KB-502 井和 KB-503 井与地表隆起比较匹配（由于实际压力场受特定断层的影响）。这些裂缝带和断层的地质力学响应和随时间变化的流动特性已被广泛研究（Rinaldi 和 Rutqvist，2013；White 等，2014；Shi 等，2019）。

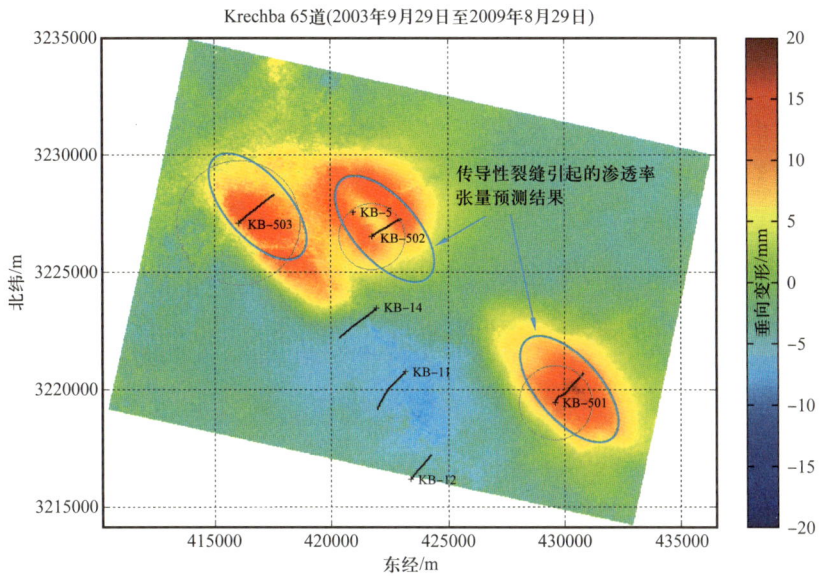

图 4.8　Bond 等（2013）根据裂缝建模估算的渗透率张量和 Krechba 二氧化碳注入场地的地表隆起（2009 年 8 月）相对比，基于 MDA/Pinnacle 技术对 InSAR 数据进行处理得到的卫星图像（据 Mathieson 等，2010，修改）

注 二氧化碳水平井为 KB-501 井、KB-502 井和 KB-503 井，水平采气井为 KB-11 井、KB-12 井和 KB-14 井；灰色圆圈表示每口井注入的相对二氧化碳质量，按比例计算，所有三口井共注入了 $3×10^6$ t 二氧化碳

4.2.3　地球化学与环境监测

虽然我们讨论的重点是地下地球物理监测方法，但在环境监测领域，二氧化碳项目需要一类重要的监测测量。一般来说，这些方法侧重于泄漏检测，特别是浅层饮用地下水资源的潜在污染。尽管对可能的二氧化碳泄漏的担忧是合理和重要的，但关于可能的泄漏检测存在许多错误的概念。由于二氧化碳是一种常见的天然分子，从自然变化的背景信号中识别"泄漏的二氧化碳"实际上非常困难：

（1）二氧化碳是土壤中的生物产生的，来源于根系呼吸和有机物的腐烂（需氧微生物呼吸）；

（2）更深的二氧化碳天然来源可能来自地下水的脱气（含有大气中的二氧化碳）或有机碳的释放。

这些过程意味着二氧化碳浓度会随着每日或季节周期以及长期变化趋势而波动。然而，需要确保封闭性，许多早期推动项目和二氧化碳注入试点项目一直在评估如何检测可能的泄漏或如何证明没有泄漏。Jones 等（2015）对了解地质封存点二氧化碳泄漏的潜在环境影响所做的工作进行了非常有益的回顾。由于自然环境中二氧化碳存在的复杂性，现在大部分研究重点是基于过程的分析（Romanak 等，2012）以及使用同位素特征区分天然二氧化碳和捕集的二氧化碳（Johnson 等，2009；Mayer 等，2015）。

为了深入了解二氧化碳封存环境监测这一相当广泛的主题，总结所使用的主要方法是有帮助的。

4.2.3.1 二氧化碳直接探测

（1）红外气体分析仪（IRGA）是测量大气或土壤中二氧化碳浓度的常用设备。该测量基于光谱近红外部分的光吸收，通常为 4.26μm（Oldenburg 等，2003）。

（2）积累箱体（AC）也可用于测量土壤中的二氧化碳通量（也可使用红外气体分析仪进行测量）。

（3）涡度协方差（EC）是一种在离地面特定高度记录大气二氧化碳浓度的技术（由红外气体分析仪进行测量）；这些数据与气象数据相结合，以估算能量和质量的总守恒，从而得出净二氧化碳通量。

（4）光探测和测距技术（LIDAR）使用激光辐射探测大气并测量痕量大气气体（如二氧化氮、臭氧、水、甲烷、二氧化碳）。

4.2.3.2 二氧化碳地球化学特征

（1）气体和地下水样本的基本化学特征（例如，氧气与二氧化碳的比率）可用于确定二氧化碳的可能来源，到底是气相中的二氧化碳还是溶解在咸水相中的气体。

（2）二氧化碳碳同位素组成的测量可用于以下情况：

① $\delta^{13}C$ 是 $^{13}C/^{12}C$ 比值相对于参考值的千分之几（‰）偏差（^{13}C 是一种主要受地球系统和生物过程控制的稳定同位素）；

② $\delta^{14}C$ 是 $^{14}C/^{12}C$ 比值相对于参考值的千分之几（‰）偏差（^{14}C 是天然寿命最长的二氧化碳放射性同位素，也用于测年）；

③ 大多数同位素是使用标准质谱仪测量的，而 ^{14}C 是使用加速器质谱仪（AMS）测量的。

（3）可以使用惰性气体化学特征（例如 $CO_2/^3He$ 比值），其中惰性气体含量用作天然示踪剂或过程诊断工具。

碳同位素和惰性气体特征的使用是检测和区分不同二氧化碳来源的一种特别有前景的方法。该方法在评估与加拿大 Weyburn-Midale 二氧化碳监测和储存项目相关的所谓二氧化碳泄漏事件中得到成功应用（Gilfillan 等，2017）。

Gilfillan 等（2014）总结了过去十年在使用惰性气体和稳定碳同位素作为二氧化碳封存研究中的示踪技术方面取得的进展。图 4.9 展示了一个鉴别图例子。请注意，由于 ^{20}Ne 的唯一地下来源是地层水，因此较高的 ^{20}Ne 浓度表明气相已与地层水接触。$CO_2/^3He$ 比值

下降与 ^{20}Ne 浓度增加之间的明显相关性与岩石圈中接触或受二氧化碳气体影响的地层水体积定量有关。最近，Weber 等（2021）对挪威二氧化碳捕集厂气流中的惰性气体示踪剂含量进行了表征，为识别储存在地下的捕集的二氧化碳的天然"指纹"提供了一条途径。同位素特征和惰性气体比率基本上已成为确定地表二氧化碳渗漏是否有天然来源或可能来自人为封存的主要方法。

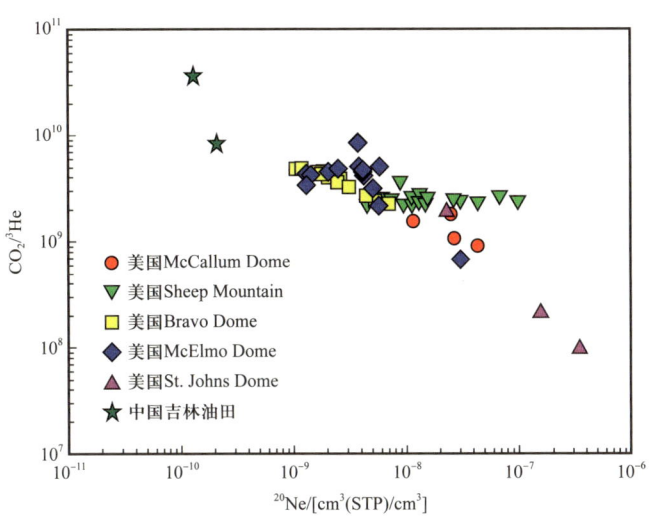

图 4.9　显示富二氧化碳天然气田数据集样本的 $CO_2/^3He$ 变化与 ^{20}Ne 的关系图（据 Gilfillan 等，2014）观察到随着 ^{20}Ne 的增加，$CO_2/^3He$ 呈下降趋势，这可以用侵位过程中气相接触地层水的程度解释（© 爱思唯尔有限公司，经许可转载）

4.2.4　利用长偏移距数据进行地球物理监测

包含远偏移反射和透射波至（例如折射波、首波和回转波）的长偏移距地震数据为反射地震分析提供了宝贵的补充工具。长偏移时移地震法已成功应用于几项研究，提供了关于地下条件随时间变化的信息。重要的应用领域包括稠油开采中蒸汽注入监测（Hansteen 等，2010），硬质碳酸盐岩油气藏开采监测（Zadeh 等，2011），研究地下冰的季节性变化（Hilbich，2010）以及使用各种形式的透射波至检测和监测浅层天然气运移（Zadeh 与 Landrø，2011；Haavik 和 Landrø，2014 后；Landrø 等，2019；Landrø 等，2021）。由于饱和甲烷气体的岩石与饱和二氧化碳的岩石具有相似的声学性质，本节将更详细地评估浅层气体监测的示例。

折射波是一种地震波，以一定的入射角到达波阻抗对比界面并改变其传播方向。这一过程由 snell 定律描述：$\sin\theta_1/v_1 = \sin\theta_2/v_2$，其中 θ_1 和 θ_2 分别表示界面上的入射角和透射角，v_1 和 v_2 分别表示上半空间和下半空间的速度。当 v_2 大于 v_1 时，形成临界折射波，光线以特定角度 θ_c（临界角）到达界面，产生 90° 的折射角，即透射光线沿着界面传播。该波以下半空间的速度传播，并在上层产生扰动，该扰动倾斜地传播回地表。这被称为"首波"

(Kearey 等，2009）。

一些研究利用折射波（首波）到达时间的变化表征地下地层随时间的变化。Landrø 等（2004）介绍了估算碳酸盐岩储层速度变化的方法，这些储层通常比上覆盖层速度更高。Zadeh 和 Landrø（2011）研究了折射地震同相轴的时移，并为具有有限横向延伸距离的二维异常情况下的时移提供了分析近似值，如图 4.10 所示。他们展示了方法的应用，使用二维地震数据监测北海地下井喷发展情况。图 4.11 显示了使用这些数据对折射波时移的比较。基准（黑色）和监测信号（红色）交错排列。左侧的道集代表气体云中的一个位置。观察到基准和监测结果之间存在明显的移位。对于 1150m 的偏移，时移约为 4ms。将这种时移解释为由于波穿过气体云而导致的速度减慢。如预期的那样，右边的道集对应于充气区域外的位置，互相关得到的时移量约为零。

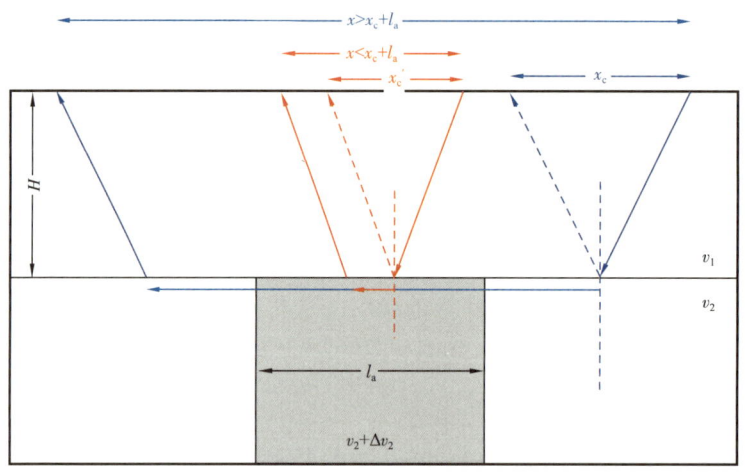

图 4.10　折射波时延模型的示意图（据 Zadeh 和 Landrø，2011）

在速度 v_2 的下半空间中有一个延伸长度为 l_a、速度为 $v_2+\Delta v_2$ 的异常；上半空间具有速度 v_1 和厚度 H；x 表示震源和接收器间的距离（偏移距），x_c 是波临界折射的临界偏移距

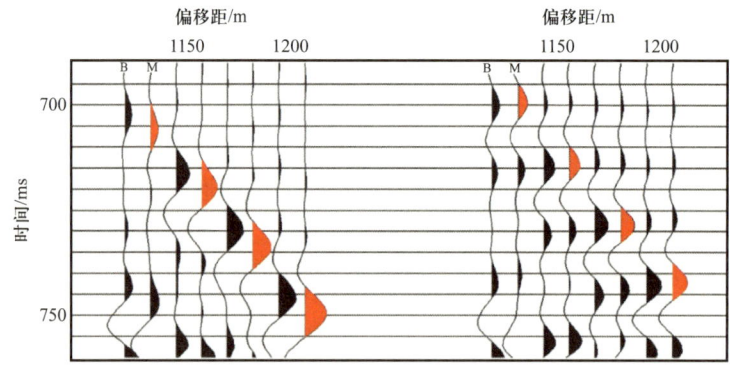

图 4.11　观测到的靠近井喷井（左）、远离井喷井（右）的折射时间偏移（据 Zadeh 和 Landrø，2011）

黑色和红色地震道分别代表基准（B）和监测（M）结果；注意近井筒区域的基准和监测结果之间的时间差，而在远离井的地方没有观察到时间偏移

Landrø 等（2019）对这一气体井喷事件做了进一步的分析，并使用折射波时移法监测气体进出一条隧道谷的运移过程。图 4.12 显示了折射波时移的时移量。时移量在 1988 年至 1990 年间增加，在第一个隧道谷（东南部）内达到 3ms，表明天然气已经进入隧道谷。1990 年至 2009 年间观察到相反的时移量，表明天然气可能运移到了该构造之外。在第二个隧道谷上检测到较小的时移量，在第三个隧道谷（西北部）上观察到接近零的时移量。

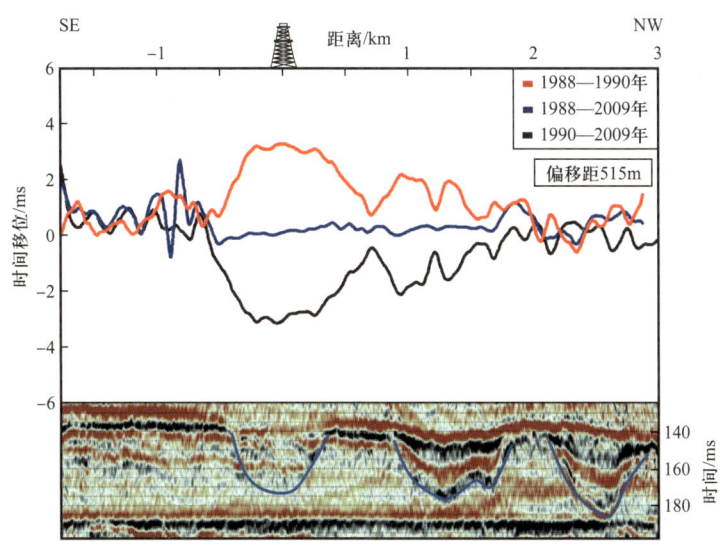

图 4.12 使用 1988 年（井喷前）、1990 年（井喷后 1 年）和 2009 年（井喷 20 年后）的三条重复二维线进行 515m 偏移的折射波时延的时间移位分析（据 Landrø 等，2019）

1990 年，隧道谷附近的时间移位约为 3ms（用地震剖面中的蓝线突出显示）；1988—2009 年的时间移位几乎为零；根据解释，天然气在 1990 年进入该隧道谷，并在 2009 年之前运移出来

折射波法的一个局限性是它不适用于速度下降或速度对比较小的界面。此外，它对空间上微小的速度变化提供了有限的分辨率。然而，由于水平方向传播占主导地位，该方法在检测水平方向地质特征变化是有效的。其他挑战涉及长偏移距地震数据的可重复性，以及由于首波与水柱混响的干扰而难以拾取远偏移距时移（Landrø，2015）。然而，地震采集设备和定位技术的进步降低了可重复性这一挑战的影响。

另一个有用的分析包括评估在临界角附近振幅达到最大时的偏移距。Zadeh 等（2011）使用 Valhall 的油田生命周期地震（LoFS）数据演示了该方法。图 4.13 显示了顶部储层反射的均方根（RMS）振幅与偏移距之间的关系图。由于开采过程中储层速度的变化，从而导致临界角和偏移距的变化，出现最大振幅的偏移距会随时间而变化。因此，可以观察到，1、6 和 8 测量临界偏移距附近的最大均方根振幅向近偏移距方向移动。值得一提的是，最大振幅偏移距移动法不仅受储层变化的影响，储层压实引起的上覆盖层扩展也起着重要作用。

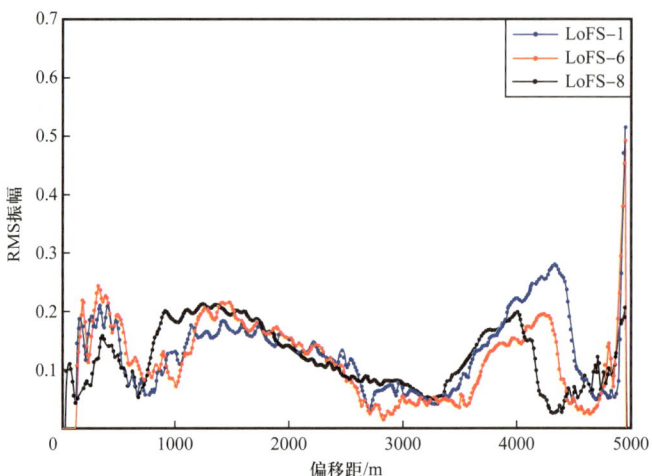

图 4.13 使用 Valhall 的 LoFS 数据进行均方根振幅与偏移距分析（据 Landrø，2015）

在出现最大振幅的移位量中，偏移量向更近的偏移距移位；将这种移位解释为是由生产引起的储层和上覆层变化造成的

回转波代表了在长偏移时移分析中可以利用的其他形式的透射波。通常，在沉积盆地中可以观察到这种波，其速度随深度逐渐增加。例如，具有 $v(z)=v_0+g(z)$ 形式的恒定速度梯度的介质，其中，v_0 为介质顶部的速度，g 为速度梯度，z 为深度。在这种介质中，波不会被反射，而是通过地球传播，最大穿透深度取决于速度梯度。Landrø 等（2021）利用回转波到达的延迟来探测北海的浅部气层。

图 4.14 显示了使用反射数据（最终叠加）绘制的气体异常均方根振幅图与使用回转波在远偏移距共偏移距剖面上绘制的同一异常体的时移量图之间的比较。反射地震数据表明，气层的形状"接近圆形"。然而，与反射异常相比，使用回转波绘制的异常形状似乎更细长。伸长与采集方向一致，被认为是一种采集效应。尽管存在差异，但使用反射和折射地震波的互补分析有可能改善对二氧化碳运移（或气体运移）的监测和探测。

使用长偏移距地震数据进行监测的一个不足之处是很难在深度上精确地绘制时移异常图（Landrø，2015）。然而，可以通过使用先进的波形成像技术减少这一不足，如全波形反演（FWI）。在这里，全波形反演能够利用地震数据的所有偏移距，结合反射能量和透射能量，提供高分辨率和高保真的地下速度模型（Virieux 和 Operto，2009），我们接下来将对此做进一步讨论。

4.2.5 光纤传感（DAS）

将光纤用于数据传输和通信已经彻底改变了我们的世界（图 4.15），地下地球物理监测也是如此。使用光纤电缆的分布式声学传感器（DAS）为传统的四维地震监测提供了一个令人兴奋且可能更便宜的替代方案。总结所涉及的概念，对沿光纤传输的光进行光学分析可以准确测量光纤中的长度变化。对于其在地震测量中的应用，使用与传统水中检波器相同的原理，通过将微小的长度变化转换为与压力波振幅成比例的压电信号测量声压的变化。将输出电压数字化，并通过电缆传输到数据记录系统。

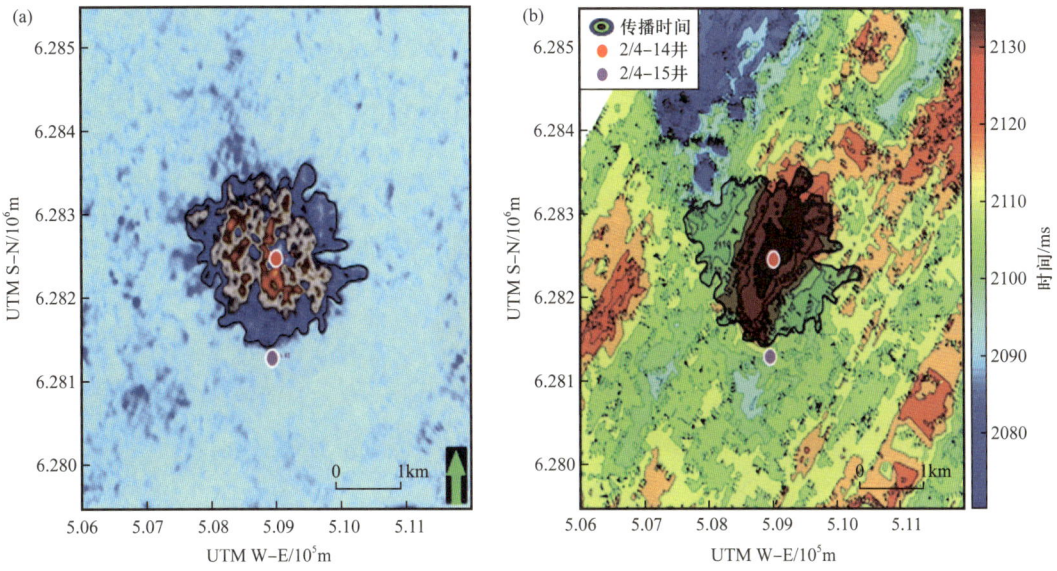

图 4.14 （a）北海浅气层顶部反射的均方根振幅图以及（b）回转波时移图，并与反射均方根振幅法绘制的气层延伸进行比较（据 Landrø 等，2021）

图 4.15 通常用于电信的一束光纤也可用于探测撞击到电缆的声波（地震波）

原理与使用光纤检测声波/地震波相同。尽管可以将玻璃纤维透光性设计得非常好，但所有纤维都存在微观缺陷。如图 4.16 所示，询问器每秒向光纤传输数千个激光脉冲。当脉冲击中缺陷时，它会反弹回来——这种现象被称为瑞利反向散射，并由询问器测量。然后，询问器在几分之一秒后向光纤发送另一个脉冲，它在缺陷处反射，并测量第二个脉冲。通过比较两个脉冲之间的时间差，询问器计算光纤是否已拉伸，如果是由于声能经过而产生拉伸，则计算光纤在两个脉冲间拉伸了多少。通过每秒重复此过程数千次，该系统可以实时对瑞利频率下的微小拉伸进行采样。将光纤的这些延伸转换为信号，该信号提供了从声源传播到光纤的声学事件的信息。通过这种方式，询问器将光纤电缆变成数千个测量声波的传感器；光纤成为分布式（连续）的声学传感器（DAS）。

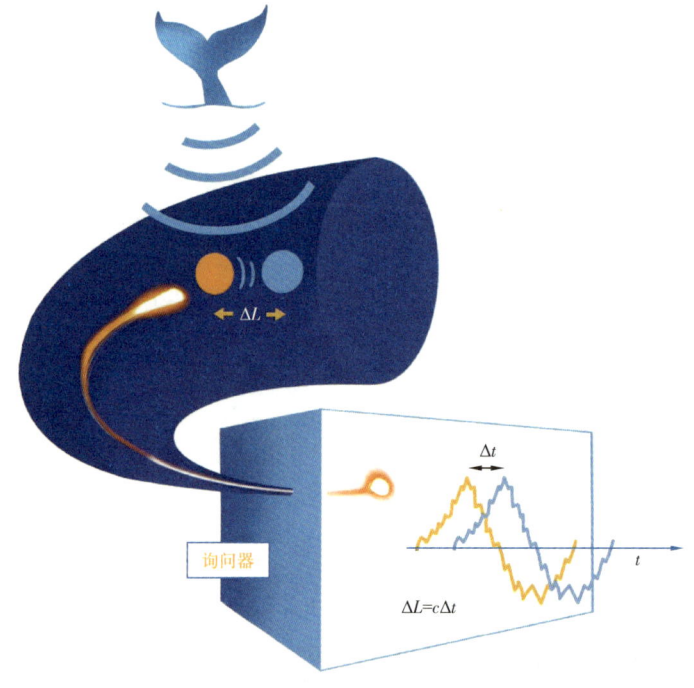

图 4.16　源自一个声源的声波场对光纤调制（用于检测鲸鱼的发声）

由于玻璃的不均匀性而在光纤内传播的光被反向散射，从声波场在空间中移动的位置反射，这由橙色和浅蓝色球体表示；分布式声学感询问器可以通过检测反向散射光相位的变化/调制重建沿光纤每个位置处存在的声波场，如询问器框中的两条偏移曲线所示；也对颜色进行了编码，以查看与鲸鱼产生的声信号偏移的两个球体的关系

请注意，光纤由几个元件组成：纤芯、包层和缓冲层。位于中心的纤芯是载光元件，通常由掺杂了另一种材料的二氧化硅组成，以达到所需的折射率。纤芯被包覆层所包围，包覆层仍然基于二氧化硅，但含有另一种掺杂剂或另一种浓度的掺杂剂，再次达到适当的折射率。然后，在光纤上涂上一层称为缓冲层的保护性塑料。为了将光限制在纤芯中，纤芯的折射率必须大于包层的折射率。通常，纤芯和包层的折射率值约为 1.5，相差约 0.5%。光纤的纤芯直径仅为 8～10μm（比蜘蛛网的 2～3μm 粗一些）。

这种光纤是用于电话和有线电视等远程通信的标准单模光纤。该概念的关键是一个将电信号转换为光并沿光纤发送的发射器。发射器是一个激光二极管，设计用于发射波长约为 1550nm 的光脉冲。

光纤中光的衰减主要是由散射引起的，散射是由玻璃中的微小缺陷造成的。这种衰减强烈依赖于光的波长（图 4.17）。通过选择与低衰减（约 1550nm）相对应的波长，可以在数十千米内传输光信号，而损耗很小。单模光纤的典型损耗约为每千米 0.2dB。1dB 是输出功率除以输入功率的对数的 10 倍。

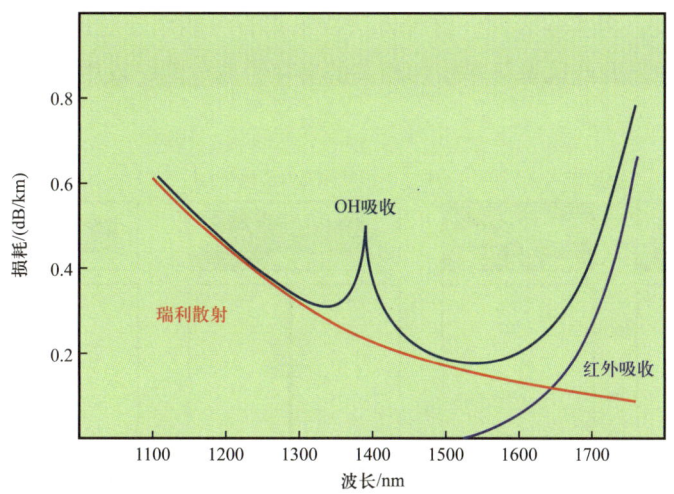

图 4.17 最小波长为 1550nm 的光纤中的衰减（图片由 Lasse Amundsen 提供）

光纤传感在二氧化碳封存监测中的主要应用是分布式声学传感，这是一种能够沿光纤电缆全长连续实时测量声信号的技术。声学事件在光纤中产生拉伸 ΔL，这可以通过测量询问器记录的两个信号之间的光学相位差来发现，即 $\Delta L = c\Delta t$，其中 c 是光纤中的光速，Δt 是两个信号间的时间延迟（图 4.16）。

4.2.6　使用分布式声学传感进行二氧化碳监测

分布式声学传感垂直地震剖面（VSP）技术已成为利用在井中（生产井、注入井或监测井）安装光纤电缆进行储层监测的有用工具。2011 年，艾奎诺公司在北海 Gullfaks A 平台直达 Gulltopp 油田长 9.9km 的井中采集数据，这是分布式声学传感垂直地震剖面技术在海上环境中的首批测试之一（Nørgaard-Madsen 等，2013）。

Quest 项目团队于 2017 年首次展示了分布式声学传感技术在二氧化碳监测中的应用示例之一（Bacci 等，2017；Harvey 等，2021）。他们在垂直井中安装了声学传感光纤，并证明在注入二氧化碳一年后可以获得羽流的时移图像。二氧化碳封存在约 2km 深的基底寒武系砂岩（BCS）中。图 4.18 显示了监测调查示例的总体概念，图 4.19 显示了处理后的二维地震剖面和振幅差异图的一些关键观测结果（据 Harvey 等，2022）。Harvey 等（2021）通过获取几次二维 walkaway VSP 测量，能够在每次监测测量后绘制羽流扩展图。Harris 等（2017）在 Aquistore 注入场地的分布式声学传感垂直地震剖面勘探中也取得了类似的成功。他们的研究表明，使用全三维分布式声学传感垂直地震剖面采集设计，可以检测和绘制精确至 $36 \times 10^3 t$ 的二氧化碳。

分布式声学传感的光纤也可以铺设在地面或地面和井下组合铺设。图 4.20 将 2020 年在挪威 Trondheim Fjord 浅层地震试验中采集的分布式声学传感地震数据与常规地震数据进行了比较（Taweesintananon 等，2021）。虽然图 4.20（b）分布式声学传感结果的质量低于左侧的传统地震,但实验表明,这种方法在未来有可能用于对地下情况的低成本监测,例如评估与海平面上升或风暴频率增加相关的潜在滑坡危险,或用于绘制和监测地下的二氧化碳封存项目。

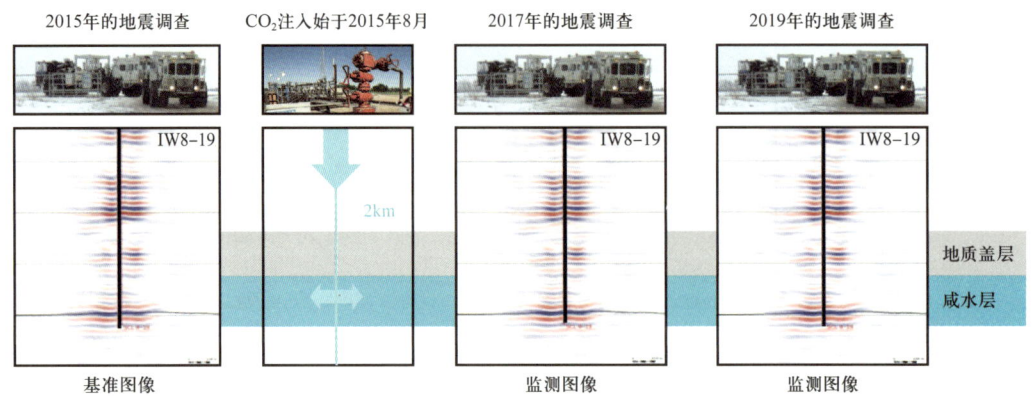

图 4.18　时移分布式声学传感技术在加拿大 Quest 二氧化碳封存项目中的应用(图片由壳牌公司运营的 Quest 项目提供)

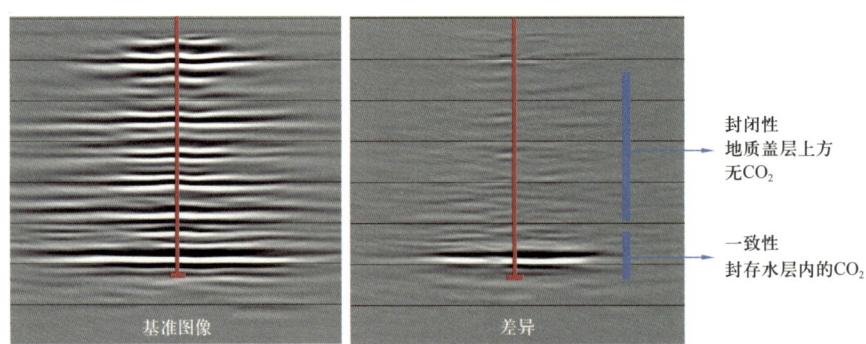

(a) 左图为基准图像,右图为使用增强处理的第二次监测和基准数据之间的时延差

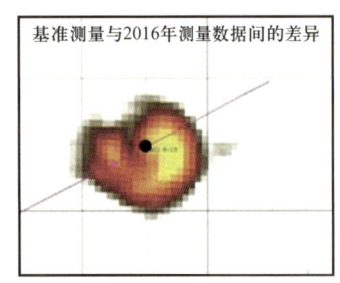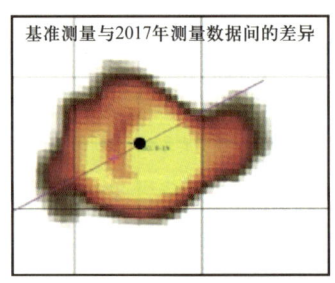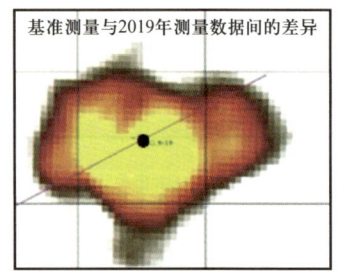

(b) 三次监测数据与基准数据振幅差异平面图

图 4.19　Quest 项目的分布式声学传感垂直地震剖面观测结果(据 Harvey 等,2021;图片由壳牌公司运营的 Quest 项目提供)

Pedersen 等(2022)在挪威北海 Johan Sverdrup 油田利用二维分布式声学传感测试进行了类似的比较。常规地震图像和分布式声学传感图像的比较表明,在大约 2s 的传播时

间内数据的质量相当。笔者得出结论,分布式声学传感数据可能是传统海底地震采集的一种经济高效的替代方案。

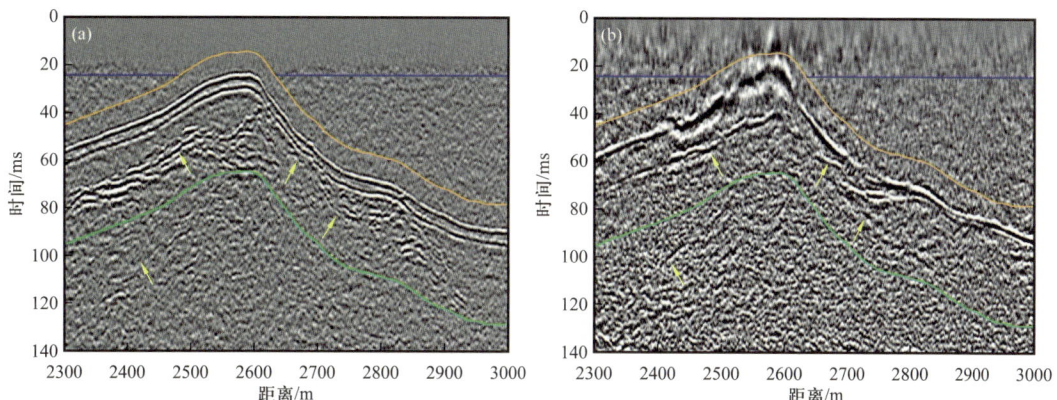

图 4.20　海底光纤通信电缆得到的浅层地下剖面(图片来自 Taweesintannon 等,2021;经许可转载)
(a)图像来自传统的地震监测(一条单通道拖缆,带 24 个水中检波器排列,7m 有效间隔);(b)图像是由海底电信电缆使用分布式声学传感技术(4m 标距长度)采集的数据处理得到的;两幅图像都使用相同的信号增强,黄色箭头表示在两次采集中观察到的地下反射(橙色、绿色和蓝色层位显示了用于计算信噪比和振幅谱的窗口)

令人惊讶的是,与具有 4 分量数据的 PRM 节点相比,即使分布式声学传感接收器只有 1 个分量(1C),并且分布式声学传感数据是使用弱得多的震源(弱 4 倍)采集的,在 1.5s 双程旅行时(约 1.5km 深)内也能实现相当好的成像(图 4.21)。

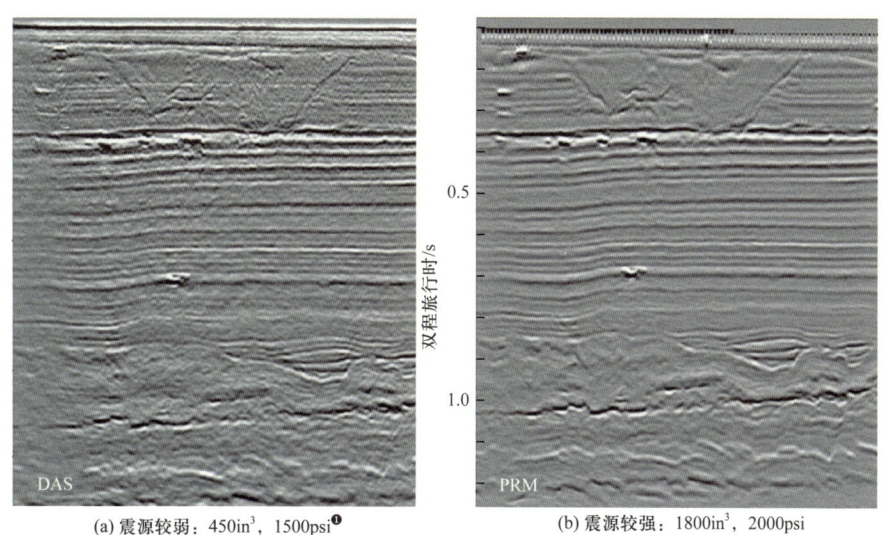

图 4.21　(a)二维分布式声学传感图像(DAS)和(b)使用永久性储层监测(PRM)海底节点成像的同一剖面之间的比较(据 Pedersen 等,2022,修改;图片由艾奎诺公司提供)
两者都是来自 Johan Sverdrup 油田同一个 9km 长电缆段的 PP 偏移叠加;PRM 数据已经通过标准的三维 PRM 预处理,然后进行了二维偏移;分布式声学传感数据使用的震源体积为 450in^3,而参考 PRM 数据使用 1800in^3 的震源体积

---

❶ 1in^3=16.39cm^3;1psi=6894.76Pa。

尽管图像质量不如传统的海上地震成像，但这两个油田的例子表明，对浅层二氧化碳埋存，特别是这些储层上覆盖层进行低成本监测的潜力非常大。然而，重要的是要记住，虽然部署在海底的传统声学（地震）记录系统测量的矢量场服从波动方程，但分布式声学传感系统是一种不服从波动方程的应变传感器测量。因此，除非光纤是螺旋形或盘绕的，否则无法通过标准分布式声学传感测量实现波动方程处理和成像。这是当前的研究课题。

4.2.7 监测天然地震活动

如第 3 章所述，注入二氧化碳可能会导致一些低水平的微地震活动，并采取了各种措施来避免任何重大的诱发地震事件（主要是通过压力管理）。由于这些担忧，作为二氧化碳封存项目总体监测方案的一部分，需要进行一定程度的地震活动监测。这可能仅限于对背景地震活动的区域监测或对场所进行更集中监测。对二氧化碳封存地点周围较大区域内的地震活动进行持续监测，可以提供有关潜在应力释放区的重要信息。对于地震活动水平较高的地区，需要更集中的仪器来捕捉和表征应变系统。对于陆上二氧化碳封存场地，通常会部署一定程度的专用微地震监测。在封存层段附近使用井下检波器进行监测，为检测到低至最小震级（例如，在 $-2\sim0$ 的震级范围内）的微地震事件提供了最好的可能性。通过在地表部署补充地震节点，利用先进处理技术可以对位置进行很好的估计（Goertz-Allmann 等，2022）。

微地震监测和一般场地监测的一个有价值的研究案例是美国伊利诺伊盆地 Decatur 项目（IBDP），这是一个 CCS 试点项目，于 2011 年 11 月至 2014 年 8 月进行，在此期间注入了 1×10^6 t 的二氧化碳（Finley，2014；Gollakota 和 McDonald，2014）。在该地点，将二氧化碳注入寒武系 Mt Simon 砂岩底部附近（深 2129～2138m）的河流相砂岩中，孔隙度为 18%～25%，渗透率在 40～380mD 之间。在此期间，该项目从注入井（CCS1）和监测井（VW1）收集了一组独特的数据，包括多个深度的井下温度和压力——储层下方、储层内的 8 个层段和储层上方的 2 个层段（Couëslan 等，2014）。该项目还使用地面和井下检波器记录了微地震活动。图 4.22 展示了 3 个月内持续注入期间收集的数据，如井下压力、注入流速（t/h）和记录的微地震事件震级（矩震级，Mw）的关键注入参数。

在 VW1 监测井中的 11 个层段收集到了实时井下压力，图 4.22 显示了其中 2 个层段（层段 3 和层段 4）的数据。在多个深度段记录的压力差异对了解储层系统内的压力分布非常有用。请注意，层段 3 的压力与注入压力（水力连通）密切相关，而层段 4（仅 33m 之上）则没有响应。该数据集说明了二氧化碳封存监测的一个重要原理，即"层段上监测"的价值。通过在目标封存单元上方的地质单元中设置仪表和探测器，可以起到对意外压力连通或流体流出目标注入层段的预警。

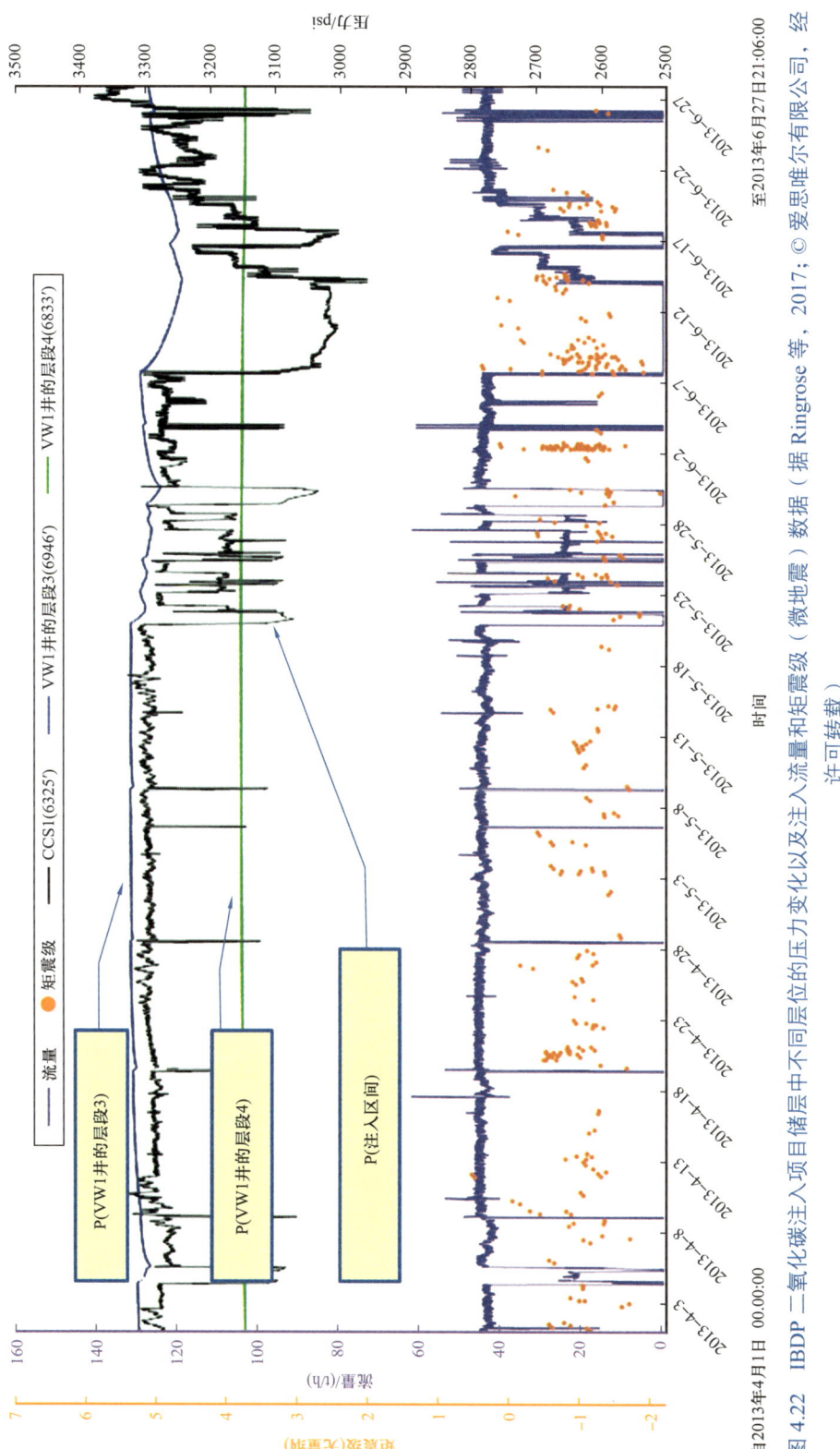

图 4.22 IBDP 二氧化碳注入项目储层中不同层位的压力变化以及注入流量和矩震级（微地震）数据（据 Ringrose 等, 2017；© 爱思唯尔有限公司, 经许可转载）

IBDP 项目的微地震监测，使用地面和井下检波器，已证明在了解注入速率、储层内外的压力分布和岩石应变之间的关系方面非常有价值。在这里，一口专用的地球物理监测井（GM1）在 624～943m 深度段布置了 31 个检波器排列，注入井（CCS1）中也布置了检波器，用于监测微地震活动（Will 等，2016）。在注入层段附近"倾听岩石"（即微地震监测）也成为确保安全作业和长期永久封存的有用方法。该地点记录的地震事件震级大多远低于 Mw=0，仅有少数地震事件震级高达 Mw=1。

Goertz-Allmann 等（2017）对 Decatur 项目二氧化碳注入引起的微地震活动进行了非常有意思的分析。观测到微地震活动发生在特定簇中，与推进的压力前缘没有明显的相关性（图 4.23）。相反，所观测到的微地震活动簇可以用渗透率和岩石强度的横向非均质性来解释，但它似乎确实显示出压力诱导的触发机制。

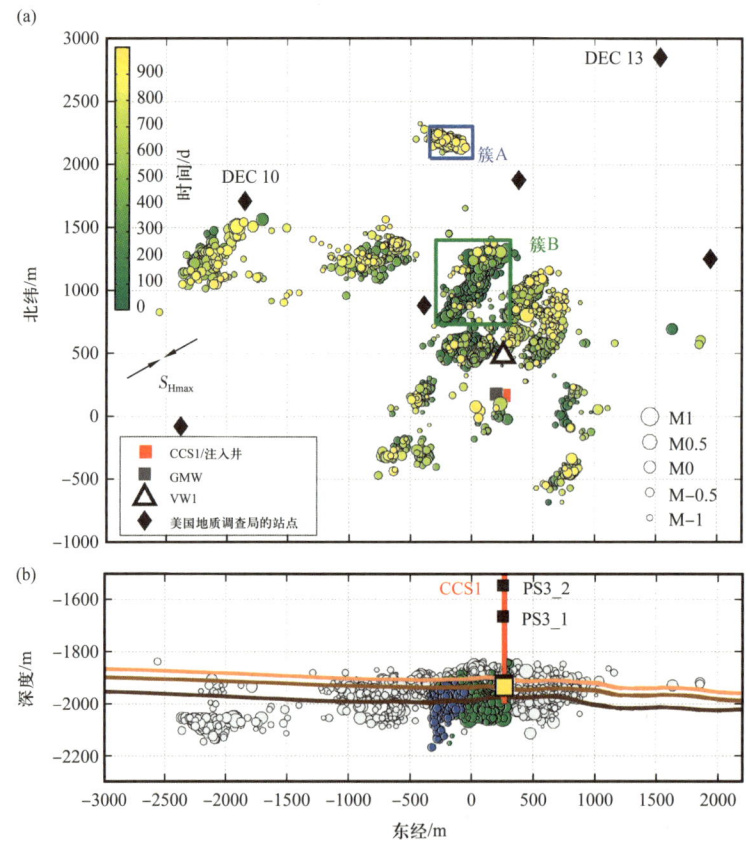

图 4.23 对伊利诺伊盆地 Decatur 项目（IBDP）微地震事件发生位置的详细分析（据 Goertz-Allmann 等，2017，经许可转载）

微地震事件的位置（圆圈）和附近的接收器显示在平面图（a）和剖面图（b），圆圈的大小按矩震级的大小进行缩放；图（a）中的颜色表示从地震活动开始的微地震事件时间；对微地震事件簇 A 和簇 B 进行了标记（分别为蓝色线框和绿色线框）；箭头表示最大主应力 S_{Hmax} 的方向；Lower Mount Simon、Argenta 和前寒武系界面（从上到下）如图（b）中注入带的横截面所示，Lower Mount Simon 的注入区由黄色方块表示，注入井（CCS1）内最深的钻孔传感器（PS3_1 和 PS3_2）由黑色方块表示；GMW 和 VW1 分别表示注入井附近的监测井和观察井

海上封存场所地震活动监测有着相同的情况。然而，海上安装涉及的成本要高得多，这可能排除了某些部署选项。最近为挪威西部研发了一种性价比较高的海上场所监测方法。在该地海岸上建立了一个由九个宽带地震仪组成的智能阵列，即 HolsNøy 阵列（HNAR），以在更大的海上 Horda 平台区域内建立高质量的背景地震活动基准（Oye 等，2021；Zarifi 等，2022a；Zarifi 等，2022b）。图 4.24 展示了如何使用 HNAR 进行检测，如何利用阵列处理方法更好地检测海上地震活动的示例。海上环境的其他选择包括专用的海上传感器，其中可能包括海底地震仪、稀疏的永久性储层监测（PRM）网络，或海底或井筒部署的光纤电缆。

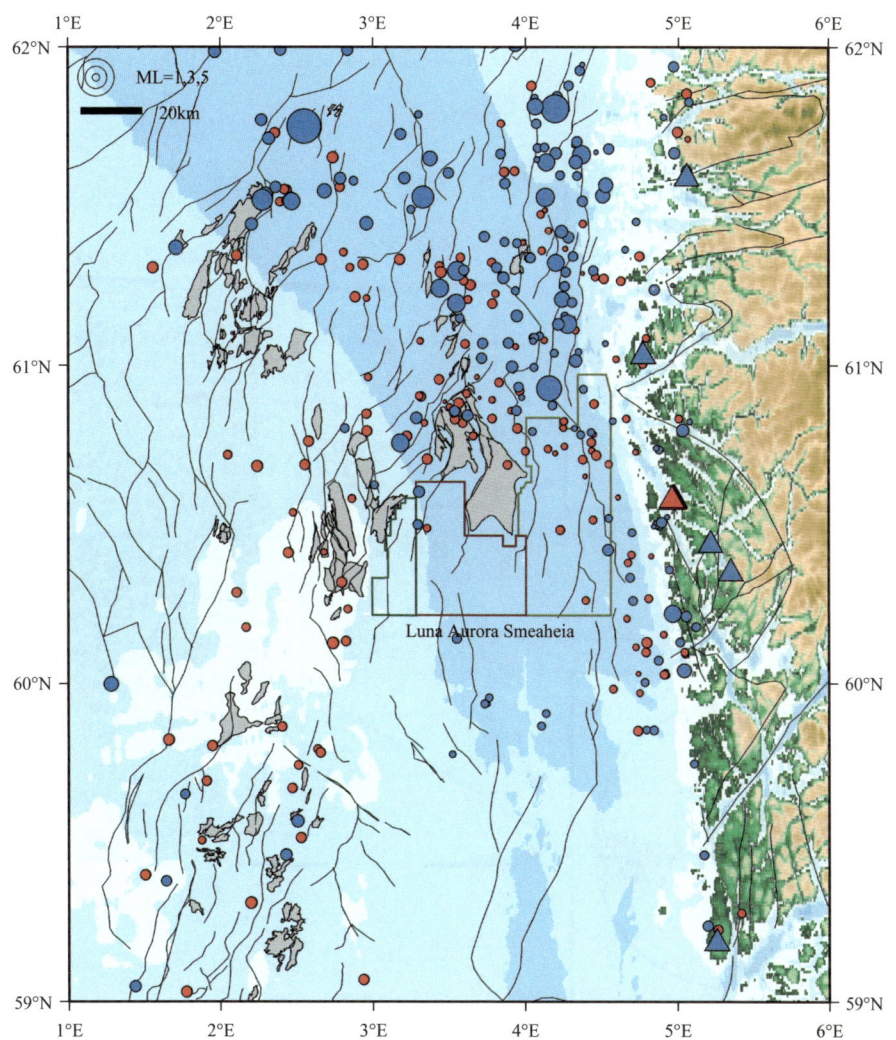

图 4.24　海上 Horda 平台区域的地震活动监测说明了使用陆上 HNAR 阵列的阵列处理方法的价值
（图片由艾奎诺公司提供；所使用的数据由 NORSAR 提供）

从 2020 年 5 月 HNAR 启动到 2022 年底，HNAR 共检测到 184 个事件（红色），而 NNSN 没有检测到这些事件；还有 177 个事件（蓝色）由 HNAR 和 NNSN 共同检测到；计划中的二氧化碳封存许可区域以彩色多边形显示

Zarifi 等（2022a）和 Jerkins 等（2023）已经证明了使用阵列处理方法的高级事件分析如何将海上 PRM 系统的节点用作有效的天然地震监听设备。此外，值得强调的是地球物理探测系统的多用途价值——地表地震仪可用于主动和被动监听模式，分布式光纤（DAS）探测系统在这方面尤其有价值（Lellouch 和 Biondi，2021）。

地震监测的一个重要目标是了解自然"背景"应力场及其相关应变的本质。在多个台站可以观测到地震事件的情况下，可以从辐射模式中推断出应力场。对观测到的地震波形进行分析，可以推导出每次地震的矩张量，也称为"断层面解"。图 4.25 显示了 Zarifi 等（2022a）对 Horda 平台计划中挪威西部地区的二氧化碳注入点周围地震的分析。尽管数据有些分散，但可以观察到总体的变化趋势。最大水平应力方向始终在东西和西北—东南之间。此外，平均应力比从陆上地区的 0.68 降低到海上地区的约 0.44，表明与基底相比，沉积盆地的地层中存在一定程度的应力松弛。

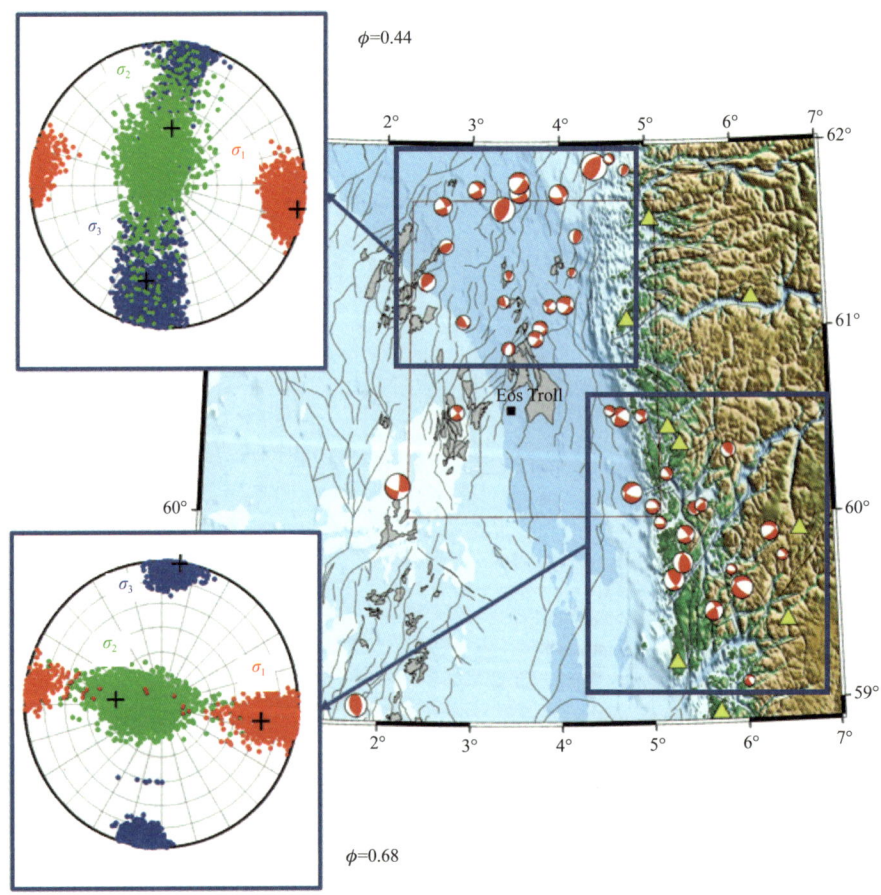

图 4.25　Horda 平台地区计划中的二氧化碳注入点（Eos 井）周围（位于挪威西部陆上近海地区）所选的天然地震的震源机制（据 Zarifi 等，2022a，基于 Tjaland 和 Ottemoller（2018）的数据集）；应力场估计分为两组震源机制应力反演，插图显示了海上和陆上地区的应力主轴；这里，ϕ 是两个区域的平均应力比（据 Zarifi 等，2022a，修改）

4.3 优化和智能检测方法

4.3.1 薄层检测——我们能有多智能?

已经证明时移反射地震是监测碳封存项目中二氧化碳运移的非常好的方法。它突出了由于注入引起的压力和饱和度变化所带来的振幅变化,以及由于储层或覆盖层岩石中平均速度和二氧化碳层厚度变化引起的时移量。

由于储层的非均质性和重力的影响,二氧化碳很可能以薄层的形式运移。这可以在北海的 Sleipner 等项目中观察到,在这些项目中,二氧化碳以多层羽流的形式积聚在储层中。该羽流由圈闭在薄层泥岩下的九个单独层组成(Williams 和 Chadwick,2021),也可以在 Trevisan 等(2017)等进行的室内实验中观察到这一点,如图 4.26 所示。

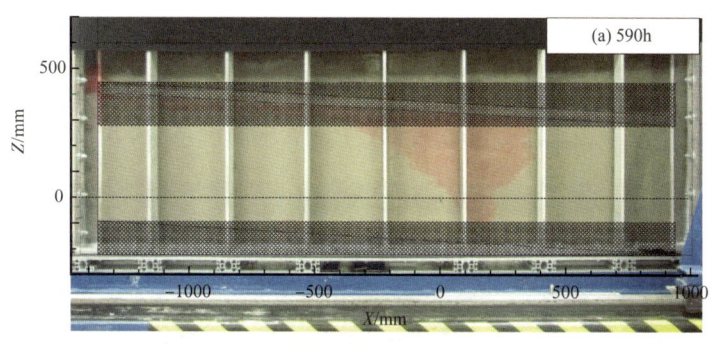

图 4.26 二氧化碳注入室内实验显示了为模拟超临界二氧化碳在深部地下的运移而选择的代理流体的羽流生长(据 Trevisan 等,2017,修改;图片由 Luca Trevisan 提供)
(a)590h 后的均质基础案例的实验结果,粉红色区域显示饱和度在 0.05~0.35 范围内;(b)2400h 后的非均质实验结果,粉红色区域表示饱和度在 0.05~0.80 范围内

当来自二氧化碳层顶部和底部的反射相消干涉产生接近零振幅的复合信号时,这些层可能很难检测到(Wides,1973)。因此,如果复合信号的振幅与背景噪声相当,或者信号被采集系统的非完美可重复性掩盖,则使用反射地震法可能无法看到薄而细长的二氧化碳层或其中的部分层段。此外,由于接下来将要讨论的原因,对于多层二氧化碳的情况来

说，检测薄层二氧化碳变得更加具有挑战性。

通过对地震波数据进行不同域分析，并提取能提供有关薄二氧化碳层的补充信息的各种属性，可以充分挖掘地震数据潜力，进行二氧化碳检测。时移地震数据的差异是绘制二氧化碳聚集边界的最有效方法，在几种重复测量中解释了九层（图4.6）。由于调谐干涉效应，薄二氧化碳层的高反射率决定了振幅差异（Widess，1973）；然而，由于振幅变化与旅行时变化的干扰（由于位于浅层），在羽流内观察到时移信号在较深的地层中发生退化。

为了应对这些挑战，可以通过在叠前深度偏移（PSDM）地震剖面上直接绘制振幅图进行补充分析。通过将其与调谐相关效应的时间校正相结合，还可以估算二氧化碳层的厚度或速度（Chadwick等，2019）。图4.27为合成地震剖面，说明了真实二氧化碳层顶部和底部与从地震剖面中拾取的视顶部和底部之间的差异。注意真实和视二氧化碳层厚度之间的差异。根据二氧化碳层的真实厚度和地震带宽，可以识别出各种调谐效应。例如，在真实厚度小于四分之一传播波长的边缘处地震拾取的厚度偏大；相反，当真实厚度大于四分之一传播波长时，拾取厚度偏薄。这种影响可以通过合成数据分析进行量化，并用于改进现场数据中的二氧化碳层厚度或速度估计。然而，对于顶部羽流层来说，这是最有可能的，因为非弹性衰减和其他二氧化碳层的地震干涉影响有限（White等，2018a）。

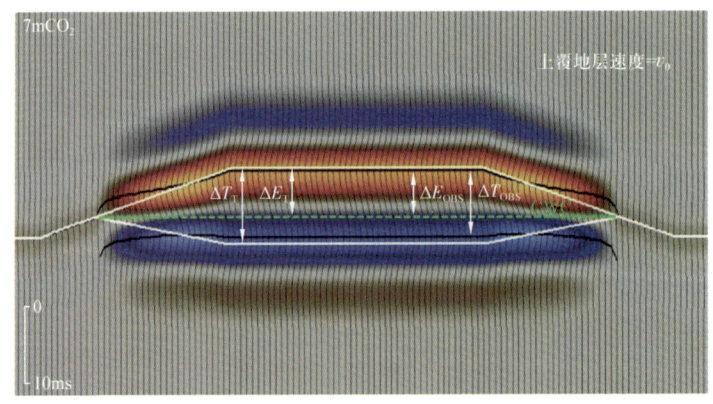

图4.27 薄层二氧化碳的双程旅行时（TWT）合成地震数据分析（据Chadwick等，2019）

白色线代表双程旅行时中二氧化碳层的真实顶部和底部；黑色线表示双程旅行时地震数据中拾取的二氧化碳层的顶部和底部；绿色虚线显示了二氧化碳与水接触的概念位置，即没有速度下推效应；注意有限带宽地震数据捕获的真实顶部和底部深度及其位置之间的差异

其他方法（如速度下降技术）可用于单层评估和二氧化碳体积估算的约束。图4.28显示了Chadwick等（2004）绘制的1999年Sleipner项目二氧化碳羽流的速度下降。注入后，由于层位上方岩石的平均速度发生变化，Utsira砂岩底界被向下拉。然而，该方法的垂直分辨率有限，因此对多层几何形状的认识也是有限的。在某些环境中，由于存在与顶部羽流相关的多次波（Ghaderi和Landrø，2009）以及由于信号在二氧化碳层中的非弹性衰减和传输损失导致的成像质量下降（Furre等，2017），这种方法的应用也面临挑战性。波频散引起的相移（Papageorgiou和Chapman，2021）也可能影响下拉分析的准确性。对于单层结构，

下拉可能与二氧化碳的厚度直接相关,当与振幅分析相结合时,可以对估计进行完善,如 Arts 等(2004)所示。然而,非弹性衰减也使多层羽流中的振幅分析复杂化,其中由于在羽流上层传播而导致的波衰减降低了深层振幅的可靠性(White 等,2018a)。

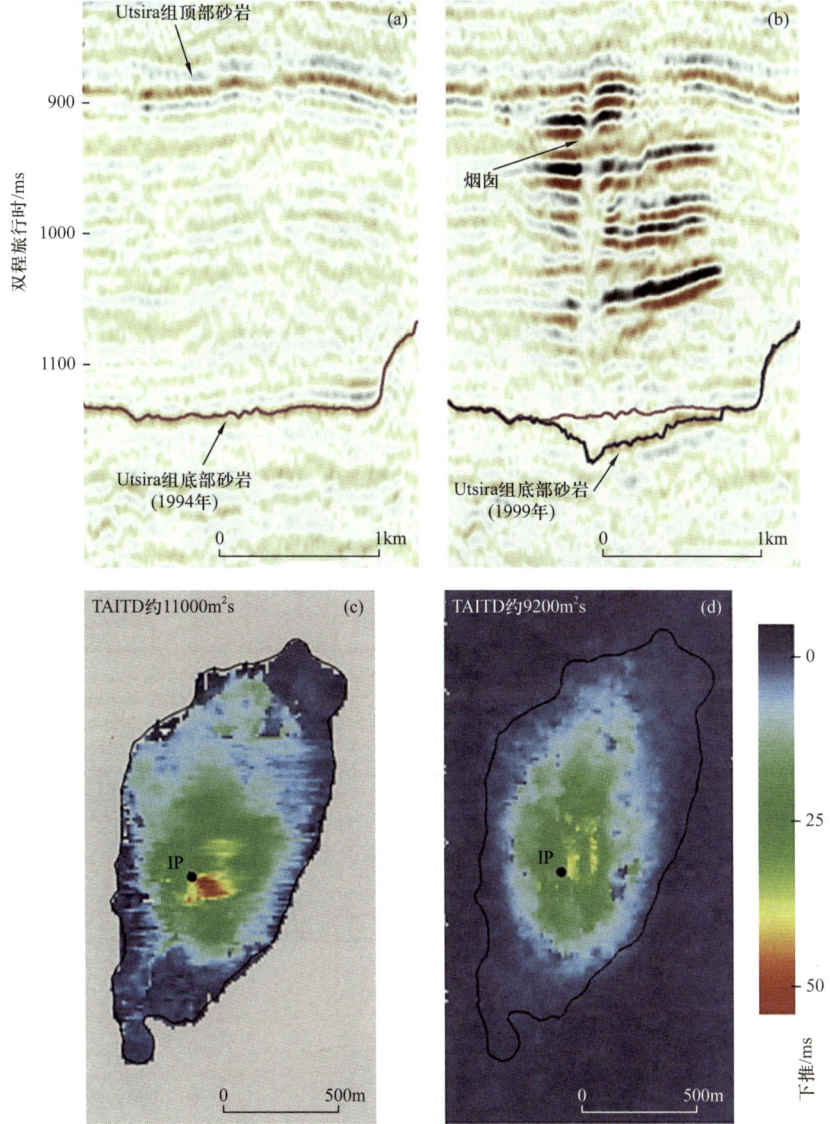

图 4.28 Sleipner 项目中二氧化碳羽流下方的速度下推(据 Chadwick 等,2004)
(a)1994 年基线调查与 Utsira 组底部砂岩解释重叠;(b)1999 年监测调查与重新解释的 Utsira 组底部砂岩;(c)基于人工解释的 Utsira 组底部砂岩的双程旅行时下推图(注意注入井附近的高下推值);(d)基于羽流内事件相互关联的双程旅行时下推图

地震数据也可以在频率域中进行评估,谱分解技术通常可用于绘制二氧化碳的横向分布范围。图 4.29 为 Sleipner 项目不同时间 Utsira 组地层底部时频分析后的单频振幅切片(Anthony 和 Vedanti,2022)。CO_2 注入前,没有观察到低频阴影。然而,对于时移测

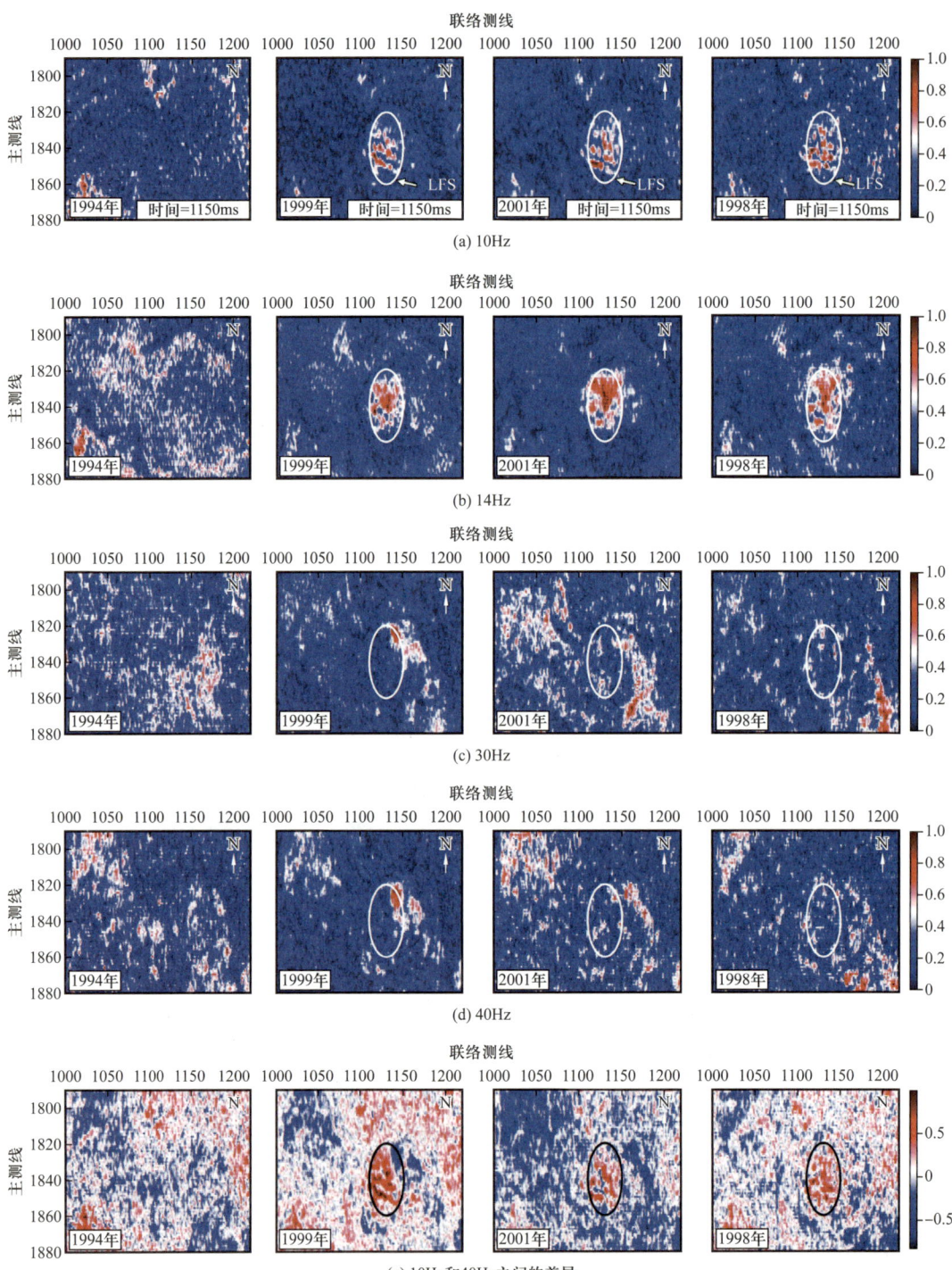

图 4.29 从 Utsira 组地层底部的时频分析中提取的常见频率切片（据 Anthony 和 Vedanti，2022）

频率切片用于（a）10Hz、（b）14Hz、（c）30Hz 和（d）40Hz 的各种时延勘测，以及（e）10Hz 和 40Hz 之间的差异；色度标表示归一化振幅；椭圆中圈出了低频阴影，这可以通过低频的高振幅来识别，高频的高振幅会消失

量，在低频段观察到强烈的振幅，然后在高频段消失。这被解释为是由二氧化碳羽流的黏性和弥散性引起的，它衰减了高频地震波，同时保留了低频的能量。这种方法和其他技术的局限性，如 Williams 和 Chadwick（2012）以及 Huang（2016）所示，是垂直分辨率有限，导致难以检测多层二氧化碳羽流结构中的深层。然而，将直接成图、振幅/时移分析和谱分解技术结合起来，可以将 Sleipner 项目顶部二氧化碳层的探测水平缩小到约 1m（White 等，2018a）。不过，确定羽流较深部分的探测极限要困难得多。

将反射时移分析与长偏移距时移分析（结合回转波和首波等透射波至）相结合，有可能改善二氧化碳薄层检测。透射波的一个重要特征是它们不受薄二氧化碳层顶部和底部的破坏性地震干涉的影响（反射波的情况也是如此）。Martinez 等（2023）使用射线理论和数值模拟的分析表明，超薄二氧化碳层产生了传统地震数据中可测量和可绘制的运动延迟。此外，全波形反演技术（FWI）等先进波形成像技术的应用使得我们可以同时使用透射能量和反射能量来恢复地下高分辨率速度模型，并确定源异常在地下正确的深度位置（这将在下面讨论）。

4.3.2 利用全波形反演技术进行二氧化碳羽流监测和薄层探测

常规地震成像是通过反射波偏移和多道叠加方法得到。因此，诸如回转波和首波之类的透射波对于地震成像没有贡献。此外，为利用一次反射波场进行成像，通常需要进行大量的地震处理工作，以去除噪声、虚反射和多次波。这些过程不仅很难不损害一次波，而且还会丢失有关地下的关键信息。先进的波形成像技术，例如全波形反演技术（FWI）（Tarantola，1984；Mora，1987），可以利用全波场，包括回转波、超临界反射波和多重散射波，例如多次波（Virieux 和 Operto，2009）。该方法可用于反演速度和反射系数，与反射数据偏移相比，可以提高照明度、信噪比（S/N）和分辨率（Wei 等，2021）。

将全波形反演表示为一个最优化问题，旨在最小化地震数据中所有震源、接收器和时间采样点的实际数据和正演数据之间的差异。该问题通过从初始模型开始解决，然后使用非线性问题线性化迭代改进初始模型（Tarantola，1984；Mora，1987；Pratt，1999；Virieux 和 Operto，2009；Raknes 等，2015b）。迄今为止，虽然已发表的使用全波形反演进行二氧化碳羽流监测和薄层探测的尝试已经取得了一定的成功，但是由于缺乏最佳应用条件，如足够低的起始频率、足够长的偏移记录，以及二氧化碳薄层检测问题特有的额外挑战，该方法的应用仍然存在较大局限性。

Raknes 等（2015b）使用 Sleipner 项目的基准数据，应用弹性波全波形反演解决近偏移记录声波全波形反演中反射和透射系数不正确的问题。Raknes 等（2015a）使用时移弹性全波形反演方法监测二氧化碳的运移，获得了二氧化碳羽流大致的速度结构。Queißer 和 Singh（2013）在 Sleipner 项目进行了高达 20Hz 的二维声学时移全波形反演，Romdhane 等（2014）实施了高至 40Hz 的二维声学全波形反演，在二氧化碳羽流中提供了中等水平的细节和垂直分辨率。

Mispel 等（2019）给出了一个最近更成功的例子。他们使用 Sleipner 项目中包含更大偏移距的 2010 年采集的双传感器海上数据集进行三维声学全波形反演。他们的方法分两阶段进行：首先使用自适应全波形反演（AWI），基于完整数据重建中频背景模型（Warner 和 Guash，2016）；然后使用 L2 范数全波形反演获取 FWI 合成数据分析能够支持的更高频率结果。图 4.30 为第一阶段和第二阶段全波形反演结果。通过反演重建了二氧化碳羽流的中

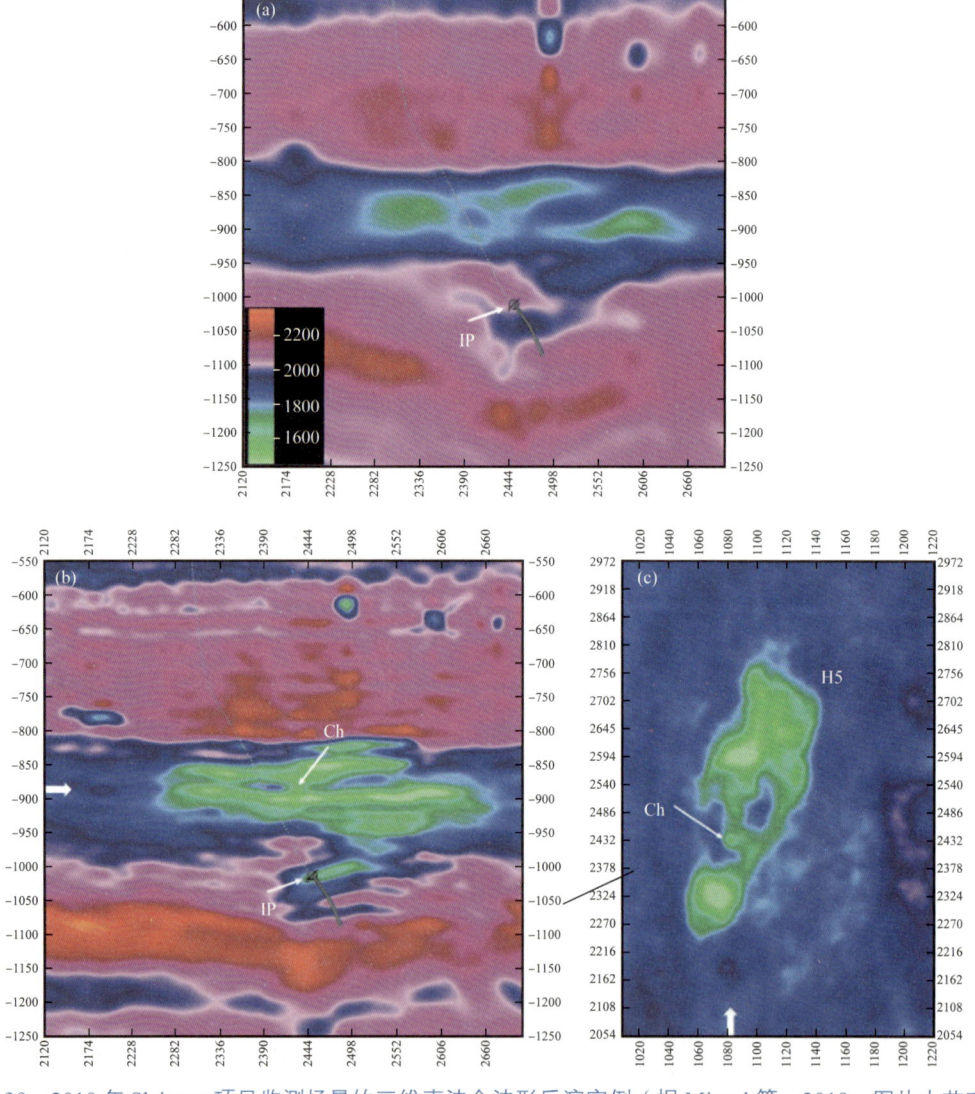

图 4.30　2010 年 Sleipner 项目监测场景的三维声波全波形反演实例（据 Mispel 等，2019；图片由艾奎诺公司提供）

（a）自适应全波形反演后注入点（IP）位置的主测线深度放大高达 X Hz；（b）全波形反演结果高达 48Hz；（c）885m 处的恒定深度切片；白色箭头表示深度切片和剖面的位置

频速度趋势，并识别出了一些在地震反射数据中发现的层，以及烟囱状特征（Ch）。然而，共成像点道集中的剩余时差和同相轴下拉现象（与基准测量相比）表明，通过反演并没有完全重建低频趋势，需要在提高反演频带之前，对地震数据进行进一步优化。

反射波与回转波联合全波形反演同样表现出良好的前景，可能是监测深部羽流或浅层羽流（尽管有限回转波穿过）的有效工具。Zhou 等（2015）将联合全波形反演应用于合成 Valhall 模型计算的合成电缆地震数据。该模型包含几个低速含气层，可以很好地模拟二氧化碳探测。此外，基于建模约束（最大偏移距为 6km），回转波只能穿透 1.4km，这限制了方法的应用，即对气层进行采样透射能量没有被记录下来。该方法包括反射波形反演（RWI）与回转波反演的迭代，以及由反射波的传统全波形反演（IpWI）进行的阻抗成像。这种联合全波形反演方法可以通过使用 Aaker（2022）的合成 Gullfaks 储层模型（图 4.31）的示例分析说明，其中使用两轮迭代的联合全波形反演显著改善了速度模型[图 4.31（c）]。该研究将简单的线性初始模型（正如通常所假设的）与真实模型进行了比较，显示了利用联合全波形反演获取速度场的潜力。

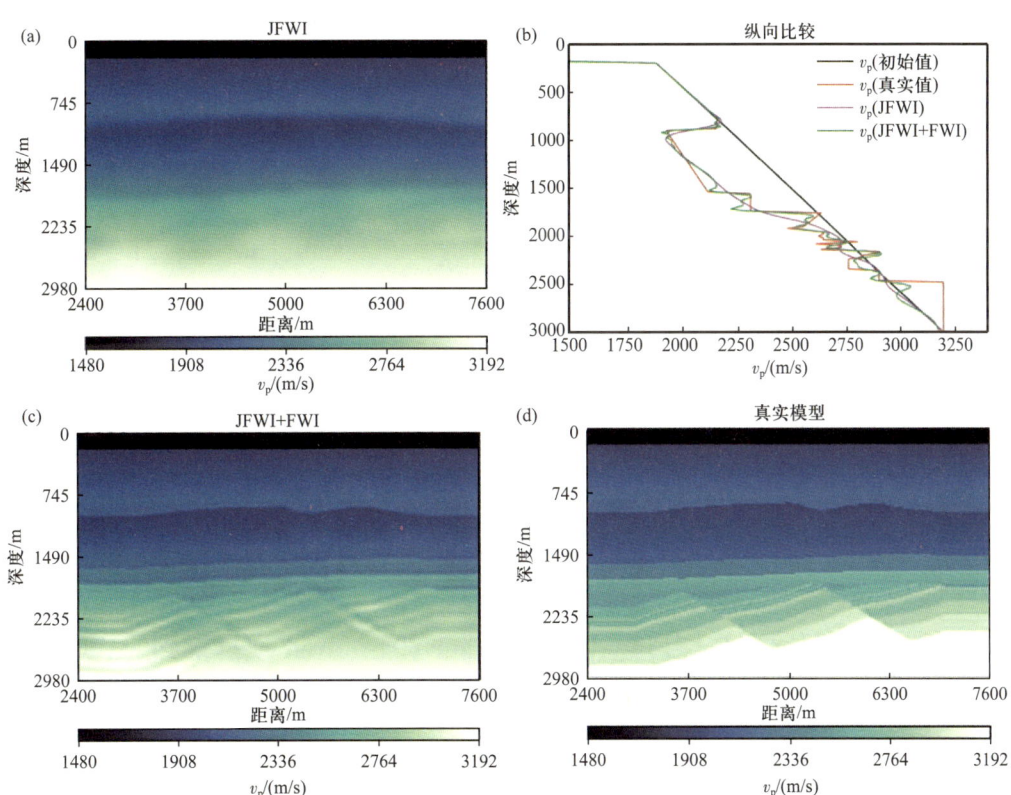

图 4.31　使用合成 Gullfaks 储层模型进行联合全波形反演分析的说明（据 Aaker，2022；图片由 Ole Edvard Aaker 提供）

（a）联合全波形反演示例，显示了联合全波形反演两个周期后的反演速度模型；（b）x1=5000 m 处垂直剖面的比较；（c）以联合全波形反演模型为起点的纵波速度全波形反演结果；（d）真实的纵波速度模型

事实上，全波形反演成像具有显著改善二氧化碳薄层探测的潜力。目前一些成功的应用案例主要是利用时移全波形反演（TLFWI）（Zhang 等，2018），通过仅使用运动学目标函数来减少合成数据和真实数据之间的周期跳跃和幅度差异（Zhang 等，2020）。图 4.32 为挪威巴伦支海 Greater Castberg 地区 FWI 成像与常规克希霍夫偏移成像对比图，目的层位 FWI 是使用双船拖缆作业（窄方位拖缆船与气枪震源船）获得的地震数据进行 TLFWI 得到的。高频全波形反演图像的清晰度整体更高，这在断层中变得更加明显。需要注意的是信噪比和低频含量均得到改善。这可以归因于最小的预处理、合适的虚反射模拟以及回转波和透射波至的使用（Wei 等，2021）。尽管当前多层二氧化碳羽流的全波形反演成像仍然存在挑战，但过去十年全波形反演的进展表明，全波形反演在改善二氧化碳运移监测和薄层探测方面有非常好的应用前景。未来的二氧化碳封存监测项目可能包括采集高质量、低成本的地震数据，数据具有足够长偏移距以保留回转波。例如，通过使用稀疏/密集混合采集系统（Martinez 等，2022），采用能够改善低频信号质量的检波器。然后，通过应用和组合反演算法，如本文所述，可以更好地定量预测二氧化碳羽流的各项参数。

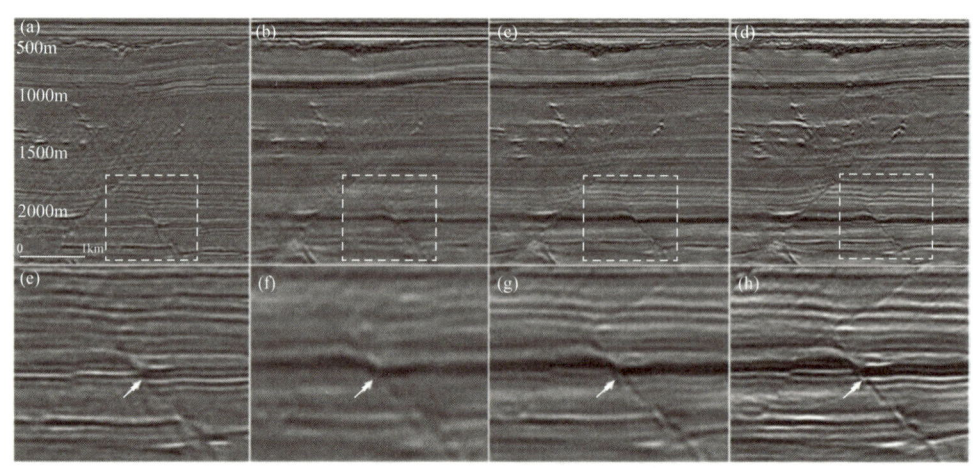

图 4.32　巴伦支海源过度扩展数据集的基尔霍夫偏移和全波形反演成像之间的比较（据 Wei 等，2021）
（a）使用 14Hz 时间滞后全波形反演模型的 100 Hz 基尔霍夫图像；（b）25Hz 全波形反演图像；（c）50Hz 全波形反演图像；（d）100 Hz 全波形反演图像；（e）至（h）是（a）至（d）中突出显示区域的放大

4.3.3　监测深层和浅层目标：从 Sleipner 和 Snøhvit 项目得到的启示

由于覆盖层的非均质性以及地震能量损失和地震资料质量降低，监测深层单元中的二氧化碳通常比监测浅部咸水层（即约小于 1000m 深度）中的二氧化碳层更具挑战性。图 4.33 总结了世界各地（陆上和海上）各种（已发表的）场所的探测水平。一般来说，可以推断在浅层可以探测到小至（50~100）×10^3t 的二氧化碳，但对于深度超过约 2000m 的地点，探测到的最小质量可能高达 500×10^3t。实际的探测潜力取决于许多因素，包括目标地层的孔隙度（越高越好）、覆盖层的性质和地震采集系统的设计。Snøhvit 工区

（Stø 组）四维海上地震有前景的例子以及 Aquistore 现场三维分布式声学传感垂直地震剖面技术的应用（Harris 等，2017）表明，在最佳的采集方案下，也可以在较深的地点探测到较小的体积。Kolkman-Quinn 等（2023）展示了如何使用垂直地震剖面方法在加拿大的浅层注入试验场探测少量气相二氧化碳。因此，考虑如何进一步提高这些探测极限是很有用的。

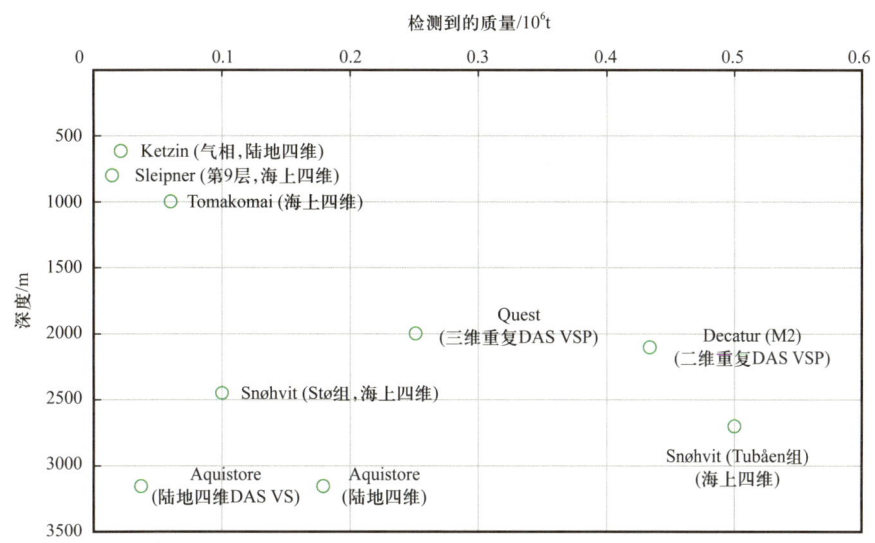

图 4.33　在选定项目中使用时移地震进行二氧化碳探测的经验总结

数据来自多个已发布的来源（由艾奎诺公司的 Anne Kari Furre 提供）；括号中简要总结了测量的类型

一个重要的选择是使用包含足够长偏移距的采集观测系统，以便记录对二氧化碳羽流进行采样的回转波和首波，从而进行长偏移距时移分析（Zadeh 和 Landrø，2011；Haavik 和 Landrö，2014；Landrö 等，2019；Landrø 等，2021），作为反射数据监测的补充。此外，使用长偏移距的采集观测系统，全波形反演技术（Tarantola，1984；Mora，1987）可用于提高准确重建二氧化碳羽流速度和反射率的可能性。另外，反射能量受非弹性衰减的影响较小，高频信息保留提高了二氧化碳薄层顶部和底部的分辨率。本文回顾了北海 Sleipner 二氧化碳封存项目和巴伦支海 Snøhvit 二氧化碳封存项目的地球物理监测实例，作为案例研究，说明了如何使用浅层和深层羽流监测数据。请注意，在该项目中，将二氧化碳从 Sleipner Vest 气田生产的凝析气中分离出来，然后注入 Sleipner Øst 气田东部约 1000m 深的 Utsira 含水层（Baklid 等，1996；Zweigel 等，2004）。图 4.34 为不同深度和不同时间时移测量地震剖面和均方根图（Williams 和 Chadwick，2021）。将羽流图像分为一个分层结构，由一系列近水平反射组成，将这些反射解释为被封存在薄泥岩下的薄层二氧化碳。薄隔层仅提供一定程度上的封闭效果，并允许二氧化碳垂直运移（Chadwick 等，2019）。均方根图突出显示了顶部羽流和其他二氧化碳层的显著横向运移。这些层中的大多数都比四分之一波长薄，这使得从地震图像中直接测量其厚度变得复杂了（Cowton 等，2016）。

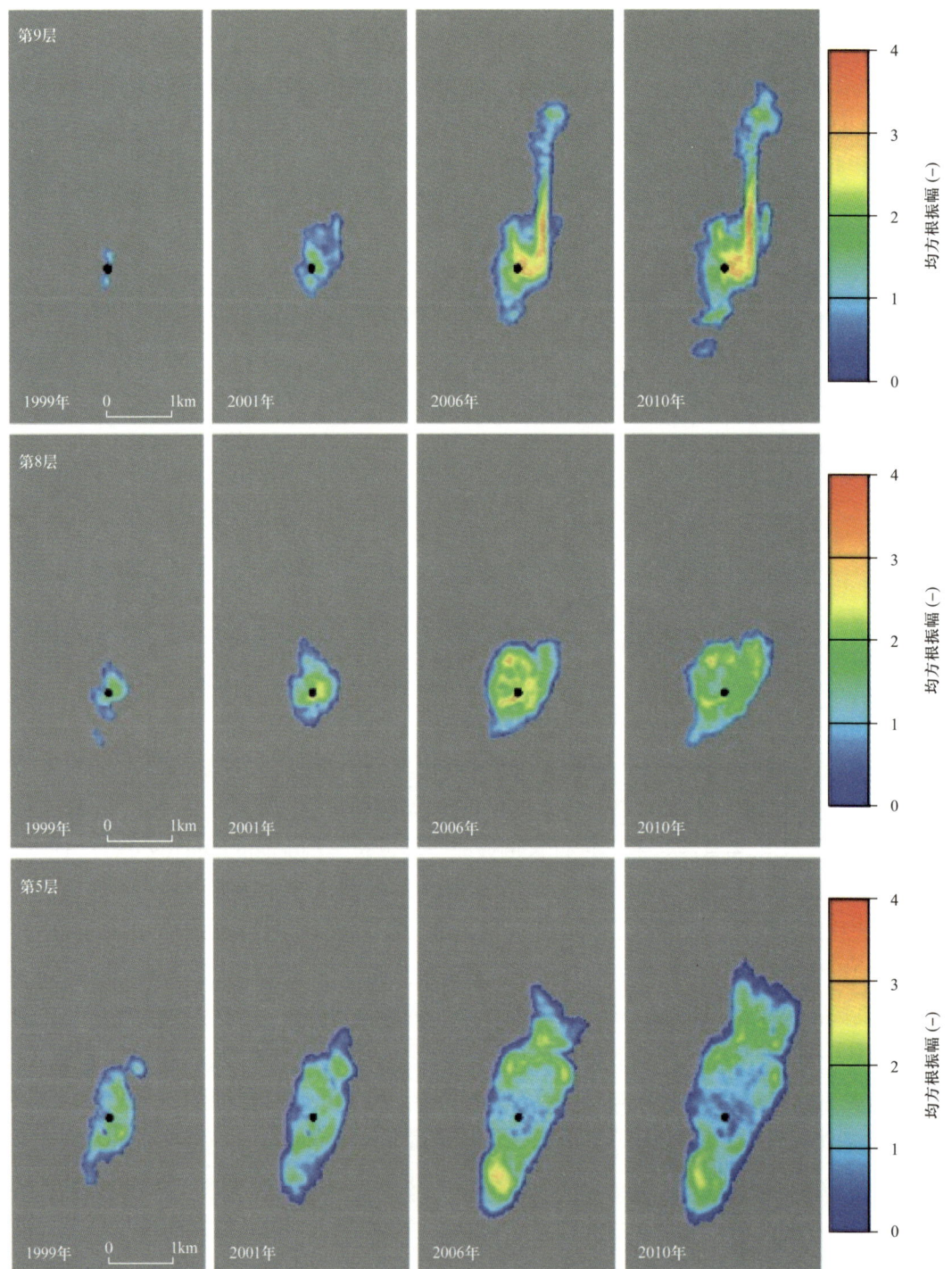

图 4.34　Sleipner 项目中第 5 层、第 8 层和第 9 层二氧化碳羽流的演变（据 Williams 和 Chadwick，2021，修改）

顶部包含层号的地震剖面以供参考

已经对顶部二氧化碳层进行了广泛的研究，因为其反射不受储层深处二氧化碳流动的影响（Cowton 等，2016）。通过对 Utsira 组上层的地球物理储层特征进行研究和地震解释，可以识别河道等地质特征，如图 4.35 所示（Williams 和 Chadwick，2021）。这些有助于构建更准确的储层模型，预测二氧化碳运移，解释在地震剖面中观察到的顶部二氧化碳层的南北向优先运移。

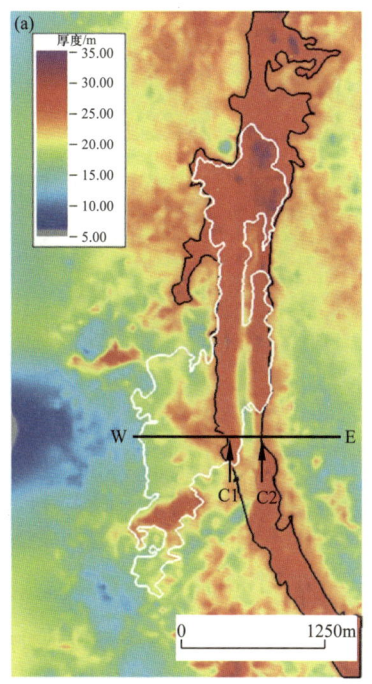
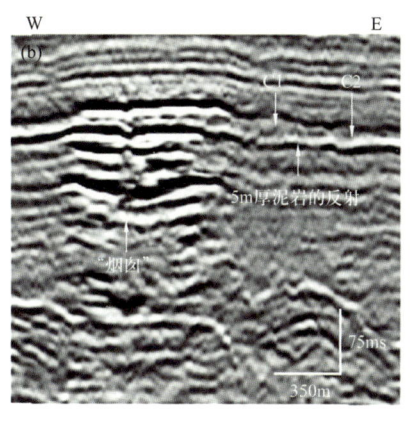

图 4.35 （a）Sleipner 最顶部砂层的厚度明暗图以及（b）2010 年高分辨率地震数据（据 Williams 和 Chadwick，2021）

图（a）中 C1 和 C2 表示最顶部砂层单元中所解释的高渗透性河道内的单个河道有利区，黑色多边形表示河道边缘，白色多边形描绘了 2010 年 Sleipner 最顶部二氧化碳层的边缘；（b）显示了最顶部的砂体和二氧化碳层，5m 厚的泥岩已经被烟囱状结构破坏

图 4.36 为使用谱分解技术、下拉时移分析和振幅分析对 2008 年和 2010 年时移测量估计的时间厚度（毫秒）图（White 等，2018a）。结果表明，大部分顶部二氧化碳层的时间域厚度为 6～14ms。另请注意，利用 2010 年优化处理的时移数据直接测量也可以获得时间厚度估计值。通过这项调查，提高了数据质量，增加了带宽，使得羽流主轴上的顶部和底部反射轴的分辨率得以提高。

对这两次调查做了进一步比较，结果如图 4.37 所示（Furre 和 Eiken，2014）。请注意，图像处理调查是如何解析顶层羽流的轴向部分的。另请注意，在时延处理调查中，具有相消干涉的层位如何因相长干涉（带宽增加后）而显示反射率升高。还强调了对羽流深层的一些改进。

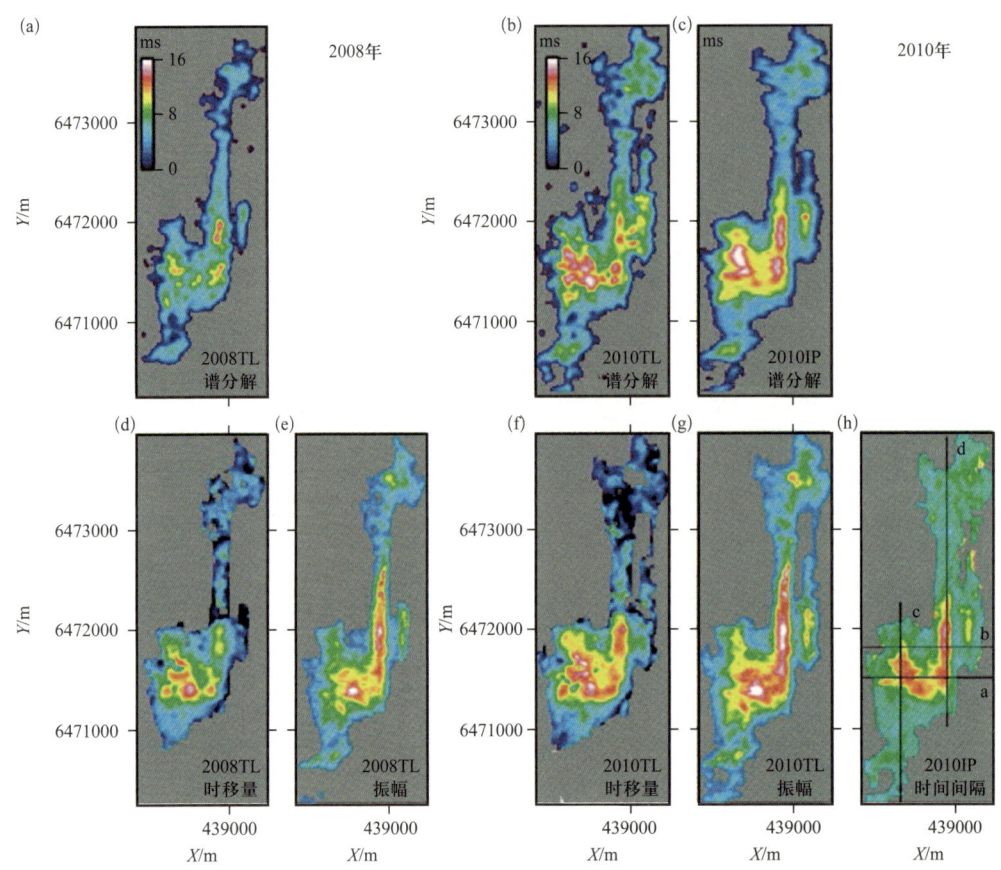

图 4.36 Sleipner 顶部二氧化碳层 2008 年和 2010 年时移处理数据以及 2010 年图像处理数据的时间厚度估计（据 White 等，2018b；©2018，爱思唯尔有限公司，经许可转载）

图（a）至图（c）使用谱分解技术；图（d）和图（f）来自下拉时移分析；图（e）和图（g）来自时移振幅分析；图（h）显示了 2010 年图像处理中顶部和底部之间直接测量的时间间隔

一般来说，由于回转波穿透能力的局限性，监测更深层二氧化碳运移更具挑战性，通常时移分析仅依赖于反射数据。由于非弹性衰减，反射地震的分辨率随着深度的增加而降低。当比较时移处理和图像处理结果时，图 4.37 所示的带宽变化也为浅层和深层目标之间的预期带宽差异提供了一些认识。此外，机械压实（Lander 和 Walderhaug，1999）和化学压实（Walderhaug，1996）的影响随着压力和温度的增加（以及深度的增加）而增加，导致储层刚度的增加，使其对注入引起的压力和/或饱和度变化引起的反射率变化不那么敏感。

巴伦支海 Snøhvit 封存项目是一个深层羽流监测很好的例子。该封存综合体位于一个以断层为边界分隔的结构内，其中在 2500~2800m 内两个砂岩储层（Stø 组和 Tubåen 组）用于封存二氧化碳。由于储层质量的差异，这两套储层在流体流动和压力特征方面表现出很大的差异。从 2008 年开始向较深的 Tubåen 组中注入约 1×10^6 t 二氧化碳。到 2011 年 4 月，由于储层压力持续上升，在该区域的注入停止，如图 4.38 所示（Pawar 等，

2015）。所观察到的压力增加有几个原因（Hansen 等，2013）。最初，由于盐分流失，注入能力降低（在图 4.38 中用ⓐ表示）。通过对 Tubåen 组的地震解释（图 4.39；Hansen 等，2013）还确定了阻碍从注入井流出的各种地质要素（分流河道、河口坝和断层）。Osdal 等（2014）认为压力增加与井附近低渗透性遮挡有关。Grude 等（2013）和 White 等（2018b）则认为孔隙压力增加影响了以断层为边界的整个区块。2013 年，Hansen 等还报告了试井压力数据的解释结果。数据表明，在距离注入井约 100m 处存在部分流体遮挡（最有可能是地层遮挡），在距离井约 3000m 处存在另一个遮挡（最有可能是断层）。

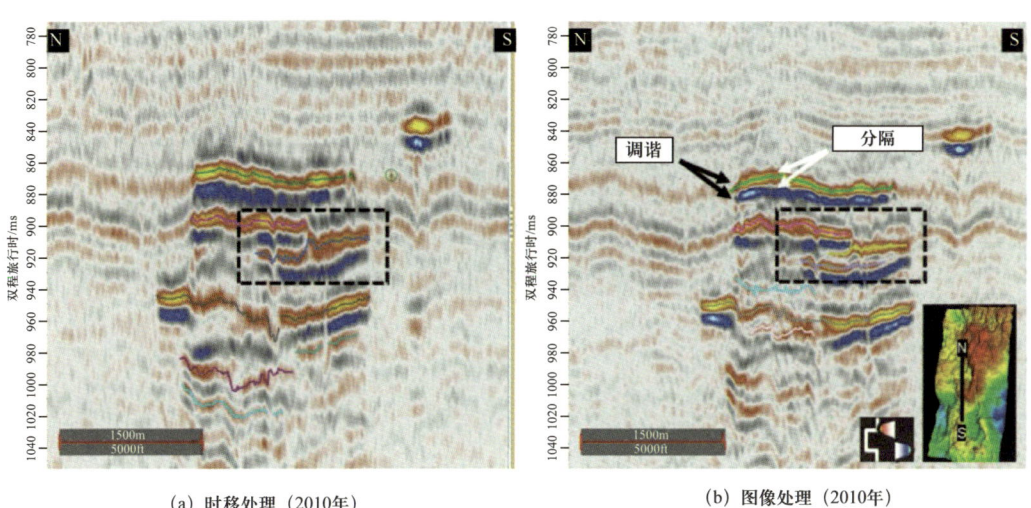

图 4.37 横跨羽流主轴南北向地震测线 2010 年测量时移处理和图像处理结果比较（据 Furre 和 Eiken，2014）

时移图像经过处理，以帮助与较低质量的基准测量进行比较，而图像处理结果旨在充分利用数据的全部潜力和频率内容；在虚线黑色方块突出显示的区域，分辨率得到了明显的提高

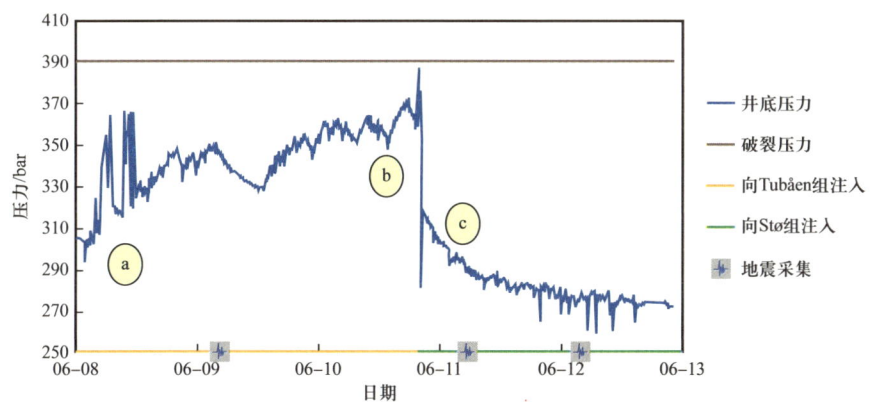

图 4.38 根据压力计测量数据和地震勘探采集的时间得到的 Snøhvit 项目井下压力演化曲线（据 Pawar 等，2015，修改）

黄线和绿线表示最下层 Tubåen 组和最上层 Stø 组的注入期

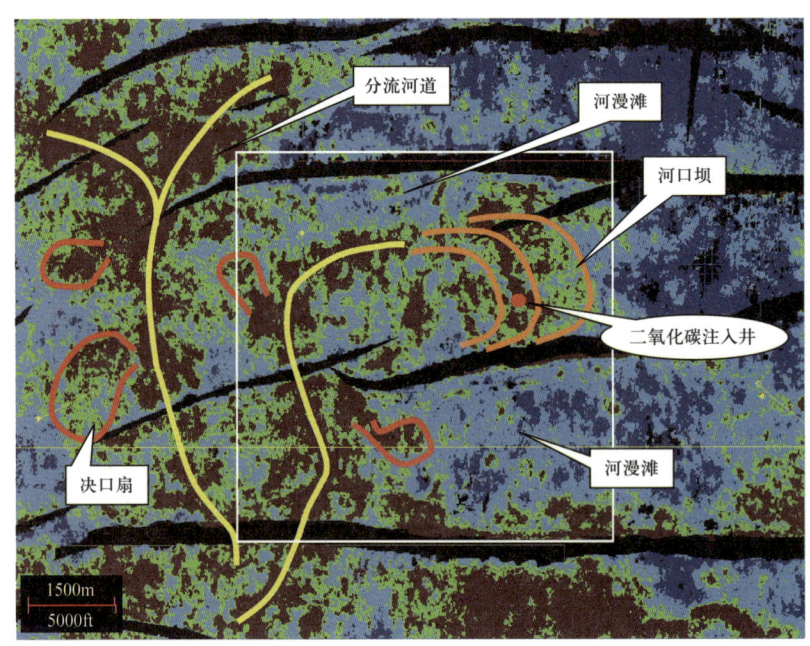

图 4.39 波阻抗图说明了 Snøhvit 项目中的 Tubåen 组所解释的沉积环境的沉积特征（据 Hansen 等，2013，修改）

棕色和绿色显示更高的波阻抗，表明砂岩含量更高；黑色要素表示断层；白色矩形标志着 2009 年时延勘测工作范围的延伸

图 4.40 为 Snøhvit 项目 2009 年、2011 年和 2012 年反射地震监测测量时移图与 2003 年基准测量图对比（White 等，2018b）。2009 年与 2003 年之间的差异表明，下部储层单元的振幅变化很大，表明大部分二氧化碳注入发生在下部储层中（Tubåen 1 地层；据 Hansen 等，2013）。原则上，这些时移地震差异可能是由于饱和度或压力变化造成的。2013 年，Grude 等使用时移 AVO 分析，应用部分叠加法（Landrø，2001）估算了 2009 年

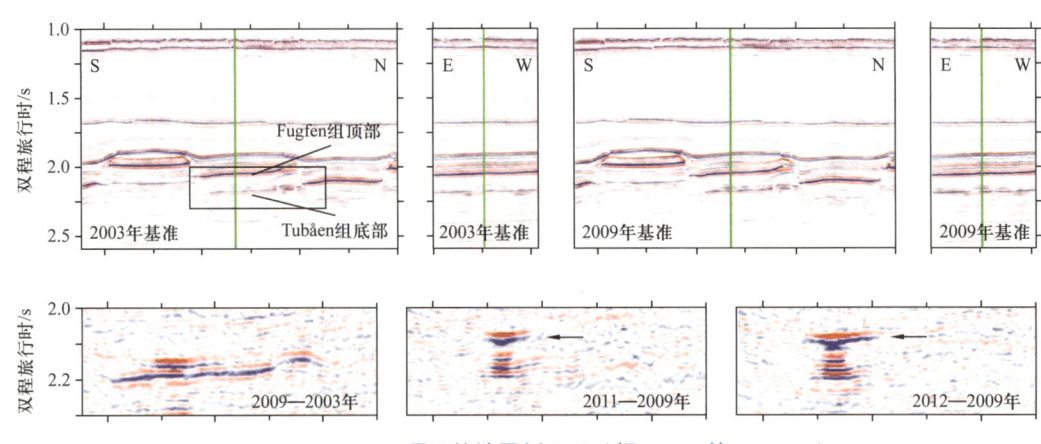

图 4.40 Snøhvit 项目的地震剖面图（据 White 等，2018b）

上方的图来自 2003 年的基准测量数据和 2009 年地震监测数据；差异数据（下方的图）显示了 2009 年、2011 年和 2012 年顶部图像中黑色方块突出显示区域的时延变化

监测测量时压力和饱和度变化。图 4.41 为反演的压力和饱和度剖面。请注意，饱和度异常似乎仅限于井筒附近，而压力异常超出了二氧化碳饱和度异常的范围。图 4.42 为使用相同方法反演得到的 Tubåen 组底部压力和饱和度反演切片。这些图件表明，流体异常仅限于注入井周围，而压力增加似乎延伸到整个区块，最终指向断层，表明可能存在压力场分隔区间。

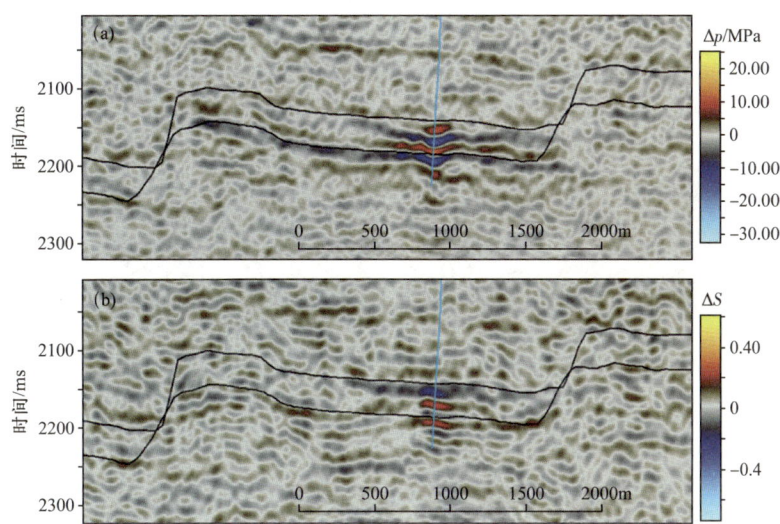

图 4.41 通过含水层的横剖面显示了使用近和远叠加数据、基于部分叠加分析得到的（a）反演压力和（b）反演饱和度（据 Grude 等，2013；©2013 爱思唯尔有限公司，经许可复制；保留所有权利）

黑线突出显示了含水层的顶部和底部；蓝线表示注入井；根据不完整的流体—岩石物理约束，在近井筒区域，压力估计会增加到最大 15MPa，二氧化碳饱和度估计为 22%

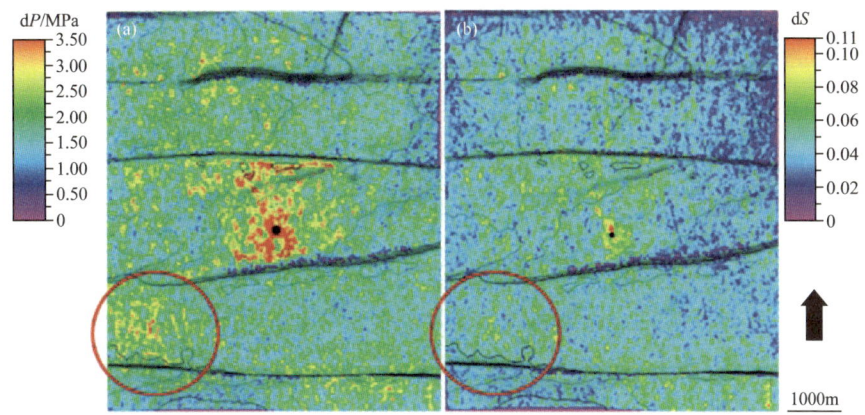

图 4.42 根据使用近和远叠加数据的部分叠加分析，在 Tubåen 地层中计算出的（a）反演压力变化和（b）反演饱和度变化的均方根振幅（据 Grude 等，2013；©2013 爱思唯尔有限公司，经许可复制；保留所有权利）

黑点突出显示了注入井；黑色箭头表示向北方向；注意注入井附近的高饱和度值，而压力变化似乎在整个区块都有所体现，并在断层处停止；红色圆圈突出显示了一个有噪声的区域

White 等（2015）基于谱分解技术估算了压力和饱和度的变化，得出了与 Grude 等（2013）类似的结论。图 4.43 为这两项研究估计的二氧化碳饱和度的比较（Grude 等，2014b）。因此，谱分解分析技术支持二氧化碳饱和度变化主要在注入井附近的假设。

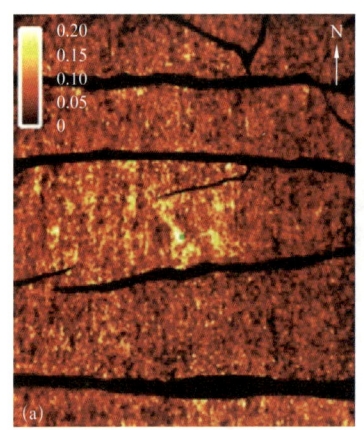 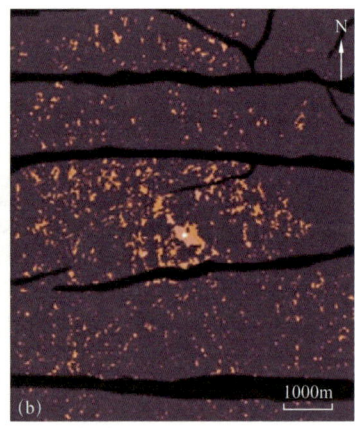

图 4.43 （a）Grude 等（2013）使用时移 AVO 分析得到的 CO_2 饱和度估计值与（b）White 等（2014）使用谱分解技术得到的 CO_2 饱和度估计值之间的比较，这两种方法都表明了近井筒区域的流体效应
（据 Grude 等，2014b；©2013 爱思唯尔有限公司，经许可复制；保留所有权利）

2011 年停止在下部（Tubåen 组）单元注入后，采用了一种新的注入策略，即在同一口井中注入，但注入上部 Stø 组。图 4.40 还显示了 2011—2012 年间该较浅单元中二氧化碳层的增长情况。地震数据表明，二氧化碳从井筒以径向方式进行扩散，形成锥形二氧化碳羽流，但没有检测到压力异常。后者可归因于 Stø 组是一个浅海相砂岩储层，与河流/三角洲相的 Tubåen 组相比，其储层性质和相互连通性更好（White 等，2018b）。此后，该场所持续注入 Stø 组（其地质上具有更好的横向连通性）。2016 年钻探了第二口二氧化碳注入井，并于 2016 年 12 月开始注入（保持第一口井作为备用）。到 2020 年，该地点已捕集并封存了 7×10^6 t 二氧化碳，作为这一大型气田开发的一部分，注入可能会持续几十年。现场注入作业早期面临的挑战也为未来的项目提供了宝贵的启示（Pawer 等，2015）。

对于咸水层注入项目可能会在地质方面带给我们事先未考虑到的问题。使用灵活的钻井解决方案，并与监测数据的便利使用相结合，是实现良好注入管理的途径（Ringrose，2020）。

5 全球扩大规模的潜力和未来的挑战

5.1 构建碳捕集与封存的全球需求

在技术上是否可以实现对气候有重大影响的碳捕集与封存（CCS）部署规模？如果可以，那么从社会经济角度考虑，这是否有可能发生？这非常难以推断，尤其是鉴于世界各地经济驱动因素的高度差异性以及公众对 CCS 接受程度存在很大的差别。然而，从缓解气候变化的角度来解释 CCS 的全球需求则更为直观。我们对 CCS 技术已经有充分的了解，能够确定实现对气候有影响的 CCS 规模所需的条件。

首先应该明确，CCS 是一项经过验证的技术，在几十年的工业规模运营中取得了成功。到 2022 年，已经有 30 个大规模 CCS 项目在运营，另有 11 个正在建设中，还有 153 个处于不同的发展阶段（GCCSI，2022）。总体而言，这些项目代表了全球约 50Mtpa 二氧化碳的捕集能力，如果正在发展中的 CCS 项目完成，这一数字将达到 250Mtpa。因此，我们正在朝着全球捕集能力为 0.25Gtpa❶ 的目标迈进。然而，为了实现未来三十年的减排目标，仍需要扩大部署规模。在大部分情况下，CCS 需要在 2050 年前完成总累计减排量的 10%～15%，这意味着到 2050 年，年封存速率需达到 6000～7000Mtpa（IEA，2020）。CCS 作为限制全球变暖工具的重要性，人们看法各异，但大部分人都认可 CCS 的重要作用。在此，我们将二氧化碳捕集利用与封存（CCUS）视作与 CCS 相同的整体概念，即在深部地层中捕集并封存二氧化碳的项目，不论在实现最终地质封存过程中采取何种利用方案或路径。

《政府间气候变化专门委员会第五次评估报告（AR5 of IPCC）》（IPCC，2018）提供了多种示范性模型路径，这些路径反映了不同层次的社会变革，包括全球能源体系规模缩减（P1）、以可持续发展为核心的情景（P2）、平衡发展情景（P3）以及资源和能源密集型发展情景（P4）。尽管 P1 情景描绘了一个几乎没有 CCS 的世界，但其他路径的实现都需要 CCS，其中 P3 情景和 P4 情景都需要大量 CCS 来减少化石能源排放并支持负排放解决方案。图 5.1（a）展示了自 1800 年起全球二氧化碳排放量的历史趋势，从时间跨度和排放增速两个维度分别描绘了工业时代和石油时代的特点。能源转型应当以全球排放量的迅速降低为显著特征，然而截至目前，我们仅见证了排放速度的放缓，仅在危急时刻才偶有减

---

❶ Gtpa 表示 10^9 t/a。

少现象［图 5.1（b）］。我们可以这样认为，自 2012 年以来，全球排放趋于稳定，但仍未出现排放明显减少的趋势。客观地说，自 1990 年起，发达国家（欧洲和北美）的排放量呈现下降趋势，但这些下降被亚洲和全球南方快速发展经济体不断上升的排放量所抵消（有关各个国家温室气体排放趋势的信息，请参见 climatewatchdata.org/ghg-emissions）。

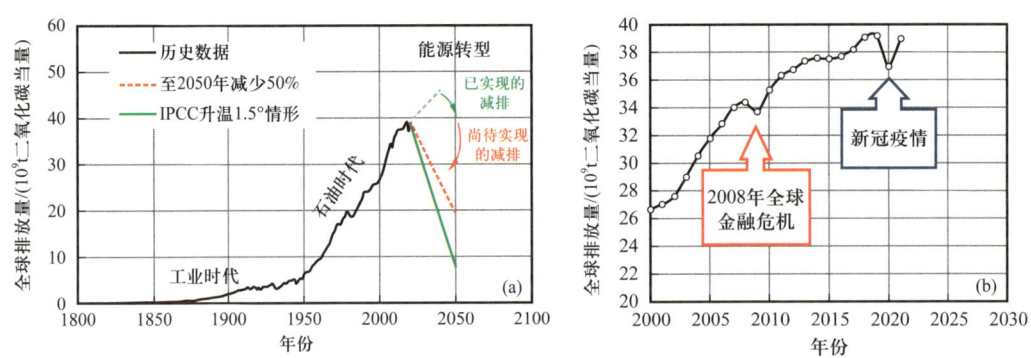

图 5.1 （a）1800—2021 年全球二氧化碳排放量以及（b）过去二十年的详细趋势

数据来源：1990 年之前为橡树岭国家实验室数据库，涵盖化石燃料燃烧、水泥制造和天然气燃除；1990 年之后数据来自英国石油公司（bp）《世界能源统计年鉴 2022》（1991—2021 年）的数据；从 1990 年开始，数据包括能源、工艺排放、甲烷和明火的二氧化碳当量排放

全球能源体系严重依赖化石燃料，这是导致大气中温室气体排放难以快速下降的根本原因（图 5.2）。在 2007 年，化石燃料占全球一次能源消费的 86%，到 2019 年降至约 80%。自 2005 年以来，尽管可再生能源发电快速增长（图 5.3），到 2020 年已达到 7000TW·h 的发电能力，但这仍然只占全球能源需求的 4%。这不代表不可能实现全球范围的脱碳，它只意味着在短时间内实现脱碳比较困难——"要改变船的方向需要很长时间"。重要的是要认识到实现能源转型的基本原则是"楔形模型"（最初由 Pacala 和 Socolow 在 2004 年提出），即在数十年内多重行为共同发挥作用。可再生能源的逐步推广必须与实施提高能源效率措施和一系列减排技术相结合，这包括转换燃料以减少排放，以及运用 CCS 技术从现有排放源中减排。为了实现这一重大转变，人类社会需要改变其行为模式，并采用新的技术发电、进行交通运输和工业活动。有许多楔形模型的版本都在探讨实现能源转型可能的路径，但这里不可能详尽介绍每一种。尽管如此，国际能源署（IEA）2020 年设定的可持续发展情景为我们提供了一个实用的框架，帮助我们理解实现 21 世纪下半叶向净零排放社会进行能源转型所需做出的关键抉择（图 5.4）。多组分楔形的关键组成部分如下：

（1）电气化（能源供应方式的重大转变）；

（2）新增可再生能源发电设施；

（3）减少能源使用（避免需求）；

（4）提高能源效率；

(5)生物能源(以负责任的方式利用生物燃料进行燃烧);

(6)氢能(不断增长的新型燃料和能源载体角色);

(7)CCS/CCUS 技术。

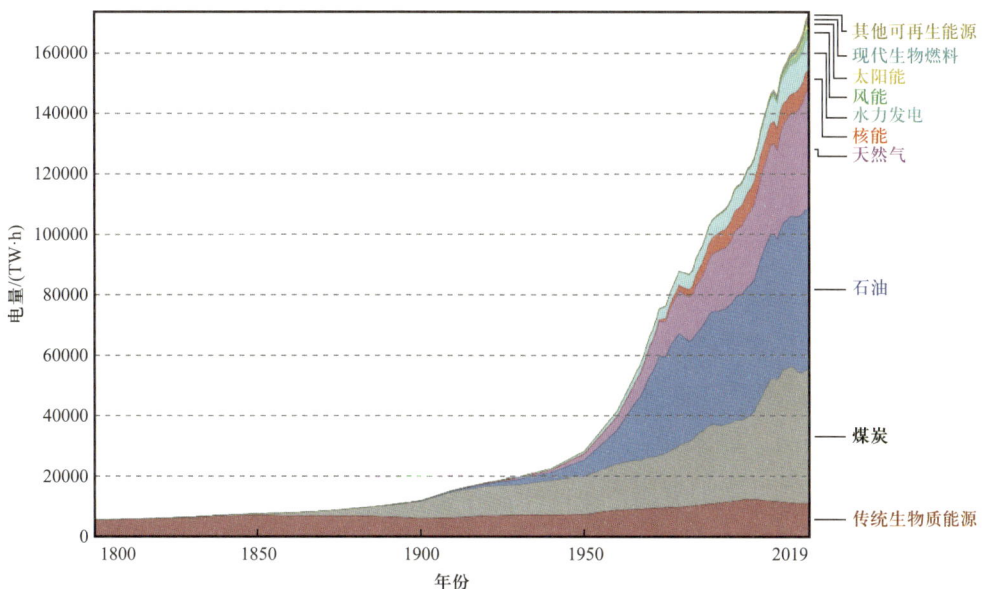

图 5.2　全球一次能源消费来源(数据来源:OurWorldinData.org/energy)

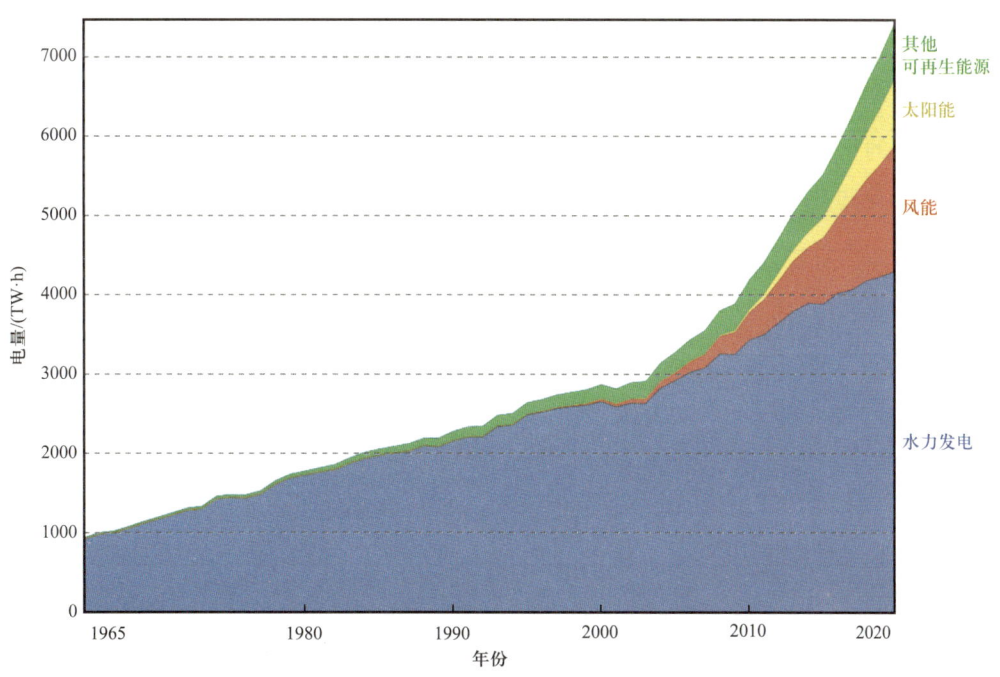

图 5.3　全球可再生能源发电量(数据来源:OurWorldinData.org/energy)

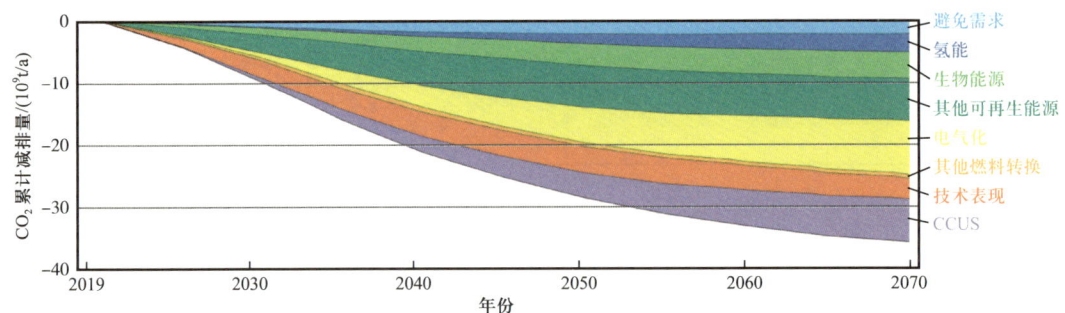

图 5.4 国际能源署可持续发展情景中能源行业的二氧化碳减排量相对于政策规定的情景 [来自 IEA（2020）；依据署名 4.0 国际协议（CC BY4.0）许可条款进行复制]

我们已经认识到这些行动必须同时进行，可以进一步阐述 CCS 技术的独特性、有限性和重要性。国际能源署（2020）的可持续发展情景预设了 2020—2070 年间各种二氧化碳捕集技术的预期贡献顺序（图 5.5）。到 2030 年，CCS 捕集能力需要从目前的 50Mtpa 增长到 1Gtpa，到 2050 年增长到约 7Gtpa，然后到 2070 年增长到 10Gtpa。在这一预设的场景下，CCS 最初被用来支持几个关键的捕集领域：煤炭、天然气、工业、生物质以及直接空气捕集（DAC）。接下来，在 2030—2050 年期间，我们需要付出"重大努力"，显著降低化石燃料能源系统的排放量，与此同时，其他碳捕集领域也需持续扩大。在"2050 年后的世界"里，即便全球能源系统已顺利转型为低排放社会，我们仍需依赖负排放捕集技术（包括生物质能和直接空气捕集技术），以抵消工业时代和石油时代留下的历史性排放问题所带来的持久影响。因此，CCS 在能源转型中发挥着关键作用，尽管它在 2050 年全球排放减少量中只占约 15%。CCS 技术的反对者往往将其与"非必要的化石燃料使用"挂钩，但实际上，CCS 是一种"多功能"工具，它能够实现能源、工业过程和运输系统的脱碳，并且能从大气中移除二氧化碳。此外，CCS 与

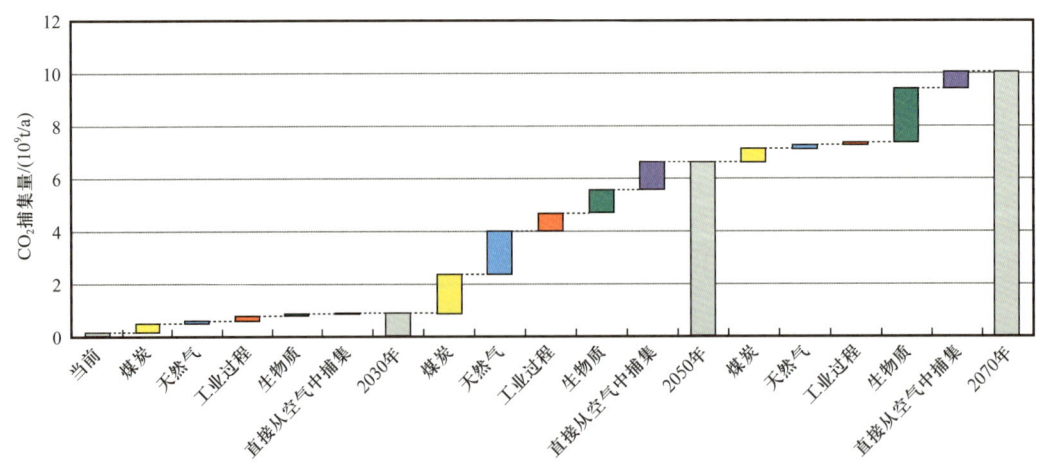

图 5.5 国际能源署可持续发展情景下 2020—2070 年全球二氧化碳捕集量来源和时期增长情况 [摘自 IEA（2020）；依据署名 4.0 国际协议（CC BY4.0）许可条款进行复制]

燃气发电结合提供了一个重要的可调度电力供应，以补充可再生能源系统能源供应的波动。

鉴于 CCS 技术的关键作用以及必要的捕集速度，我们能够计算出可能需要的规模化发展速率。在一项分析中，Zahasky 和 Krevor（2020）解释说，为了实现这些目标，CCS 部署的累计增长率至少需要达到 9%。这反映了一个相当可观且可信的增长速度。同时，显而易见，这种 CCS 规模的扩大基本上不受地质或工程限制；相反，经济和社会因素的约束将限制 CCS 项目的发展（Krevor 等，2023）。在 IEA（2016）发布的《20 年的碳捕集与封存》综述报告中，既强调了 CCS 技术的成功，也指出了 CCS 面临的挑战。报告中提到，二十年的 CCS 经验使得气候专家越来越认识到这项技术的价值和潜力。

（1）这种对 CCS 认可的增加并没有得到相应的支持；

（2）CCS 部署遇到政策框架波动且缺乏财政支持；

（3）虽然如此，但大部分减缓气候变化的模型都认为，CCS 技术是控制全球气温上升不超过 2℃ 的关键因素；

（4）CCS 是电力行业成本最优组合的关键部分，同时也是众多工业领域主要的减排方案。

因此，我们应该问为什么人们不愿意部署一项被广泛认为如此重要的技术。反对意见中最主要的是成本效益之争——人们认为 CCS 的成本过于昂贵，而其带来的收益却相对较低。此外，在社会中，有些部门强烈反对任何形式的 CCS，通常这是因为 CCS 与化石燃料产业有紧密联系。那么，如何改变这些看法呢？接下来，我们确定了一些可能改变这些看法的主要论点和驱动因素，从而使 CCS 加快实现所需水平的步伐。

（1）减缓气候变化的价值主张：在整体的减缓气候变化行动方案中，CCS 技术降低了在变暖小于 2℃ 的情况下实现所需减排的成本（相较于非 CCS 路径），许多人认为没有 CCS 技术就无法实现该目标。同时，深层地层中二氧化碳封存的社会价值亦应得到重视。简而言之，将二氧化碳封存起来，比排放相同量的二氧化碳到大气中要更为安全、更为理想。此外，单个二氧化碳注入井每年可处理约 $1×10^6$ t 二氧化碳，这意味着非常显著的减排（Sleipner 项目的单个注入井约占挪威所有道路交通排放量的 10%）。因此，作为一种减排措施将二氧化碳进行地质储存，是极为有效的。

（2）碳价效应：随着向大气排放二氧化碳的成本上升，CCS 技术将愈发具有吸引力。全球各地二氧化碳排放成本存在显著差异，不少地区排放成本为零，但越来越多的国家已将排放成本定在每吨二氧化碳当量 20~80 美元（carbon pricing dash board.worldbank.org）。随着碳价格的上涨，实施 CCS 项目变得更加可行。另外，较低成本的捕集技术（例如从天然气加工、生物乙醇生产和化肥厂中捕集二氧化碳）可能会率先得到推广，并且在碳价大约为每吨二氧化碳当量 50 美元时实现经济效益（GCCSI，2017）。在化石燃料电力领域以及钢铁和水泥工业领域，只有当碳价超过每吨二氧化碳当量 100 美元时，CSS 项目才有可能进行。近期,欧盟、美国以及其他地区的政策变动正加快推进 CCS 项目的进展——因此,或许形势已经出现了转机?

(3) 基础设施效应:CCS 项目作为大型基础设施工程,其初始资本投入通常高达数亿美元,只有在实现规模经济时,这笔投资才显得有意义。例如,最近 Sleipner 项目 CO_2 捕集和处理设施(基于平台的)已开始成为 CCS 中枢,处理来自邻近油气田的气流(Ringrose,2018)。建立共同的二氧化碳运输网络(Stewart 等,2014)以及开发新方法,利用现有油田基础设施以经济高效的方式实施 CCS,可能是促进 CCS 大规模推广的关键。目前,北海盆地周边国家(包括挪威、英国、荷兰、丹麦和德国)的几项并行举措显示,北海有潜力成为全球首个综合 CCS 中枢。

(4) 负排放驱动因素:随着减少大气中温室气体排放的紧迫性日益增加,采用"负排放技术"的必要性也变得更加迫切。大气二氧化碳的吸收是弥补历史排放过剩的一种途径(IPCC,2018),其中包括两项核心技术:直接空气捕集技术(DAC)和生物质能源碳捕集与封存技术(BECCS)。这两项技术只有在将捕集的二氧化碳永久性地与大气隔绝时才显得有意义,因此,二氧化碳的地质存储对于负排放技术的实施至关重要。请注意,生物质碳去除与储存(BiCRS)是作为原始 BECCS 概念的更可控和可持续的版本提出来的。

CCS 项目开发面临的一个主要障碍是这些项目常常承受着一种带有偏见的风险意识,即它们的风险被认为比实际情况要高。Trupp 等(2022)讨论这个问题时,参考了著名的风险接受心理学分析,即 Kahneman(2011)对人类决策的评估。卡尼曼(Kahneman)发现的一个重要偏见与 CCS 项目监管特别相关,即是"可能性效应"——人们往往会给予极不可能发生的结果过高的权重。项目可能因需评估极不可能出现的结果而遭到暂停或推迟。在这里,我们希望新兴的 CCS 项目组合的监管框架基于事实信息,而不是社会内的无知偏见。显然,在开发 CCS 项目时,必须更明确地阐述利益,并合理掌握成本与风险(图 5.6)。

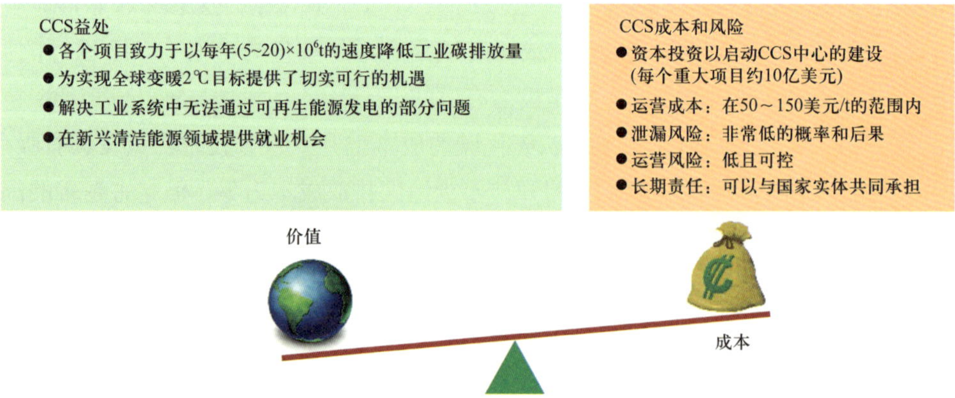

CCS益处
- 各个项目致力于以每年 $(5\sim20)\times10^6 t$ 的速度降低工业碳排放量
- 为实现全球变暖 2℃ 目标提供了切实可行的机遇
- 解决工业系统中无法通过可再生能源发电的部分问题
- 在新兴清洁能源领域提供就业机会

CCS成本和风险
- 资本投资以启动CCS中心的建设(每个重大项目约10亿美元)
- 运营成本:在 50~150 美元/t 的范围内
- 泄漏风险:非常低的概率和后果
- 运营风险:低且可控
- 长期责任:可以与国家实体共同承担

图 5.6 CCS 项目效益与可能成本和潜在风险的概述(据 Trupp 等,2022,修改)

简而言之，CCS 项目的益处极具说服力：

（1）CCS 使得国家和全球的气候目标得以实现；

（2）CCS 可以支持特定工业部门的减排目标；

（3）CCS 作为基础设施项目的组成部分，能为"公共利益"做出贡献，并可以在新兴的"绿色"经济活动领域创造就业机会。

5.2 解决泄漏风险问题

那么风险有哪些呢？抛开项目实施和财务风险，关键的技术风险是二氧化碳能否被安全封存？对于二氧化碳封存封闭性（即泄漏风险）有许多评估，每个项目都必须根据其自身的特点来考虑。然而，在对这个问题进行一般性评估时，Alcade 等（2018）借鉴了自然类比的观点和数据，提出了对封存的长期风险的估计。他们得出结论，实际上得到妥善管理的封存场所（位于井密度适中的区域）有超过 98% 的可能性能够将注入的二氧化碳在地下安全封存超过一万年，这无疑是一个极其漫长的时间！虽然这有助于为安全的长期地质储存（在发生失败的可能性的定量框架内）提供支持，但它考虑的时间跨度远远超出了人类的寿命。Pawar 等（2015）提供了一个更加实用的风险概述，重点关注项目的时间框架。他们认为，一个经过恰当表征和授权的封存系统所带来的风险极低，并且有充分的项目经验（基于风险评估程序）支撑全球项目的成熟过程。也就是说，我们拥有足够的知识和设计经验，能够以切实可行的方式开发二氧化碳封存设施。此外，技术风险并非是历史上二氧化碳封存项目失败的根本原因——导致不良结果的主要风险包括市场失灵风险（商业模式）以及缺乏有效地沟通。

一些项目，如加拿大的 Quest CCS 项目（Bourne 等，2014）和挪威的 Northern Lights 项目（Zweigel 等，2021），已经采用了"蝴蝶结"方法进行实际风险管理。这种方法的简单示例如图 5.7 所示。实际操作中，真实项目会识别出众多威胁，每种威胁都对应一系列安全措施，旨在降低意外泄漏失控发生的可能性（"蝴蝶结"左侧）及其后果（"蝴蝶结"右侧）。Quest 项目（Bourne 等，2014）也区分了被动安全措施（持续运行的系统）和主动安全措施（在监测过程中发现异常时启动的控制措施）。在 Northern Lights 案例中（Zweigel 等，2021），针对每个被辨识的泄漏路径（而非仅限于泄漏机制）都制定了蝴蝶结图，并且设计的蝴蝶结图便于更新，在计划注入点钻井后可进行相应的更新。总体而言，该场所的封闭性风险分析（CRA）发现，封存综合体发生二氧化碳泄漏的可能性非常低，可以忽略不计。

为了更好地解决 CO_2 运移和泄漏检测问题，Callioli Santi 等（2022）开发了一种入侵渗透马尔可夫链（IPMC）概念，旨在评估二氧化碳封存的封闭性风险。为了说明这一概念，可以想象倾斜断层块中由封隔层（T_1—T_5）隔开的一组堆叠的封存单元（t_1—t_5）

（图5.8a）。在此，假定系统的几何形状是已知的，以便确立CO_2封存体积与柱高之间的对应关系。设定主要封存单元内的二氧化碳体积是已知的，以一个底面积为1km×1km、柱高50m的棱柱体表示，并假定含水层的孔隙度为0.2。一旦封隔层T_1发生破裂，便会运移到单元t_2中，导致t_1中的封存体积减少至原始体积的20%（这是由于束缚封存和溶解封存机理所致）。若之后出现向较浅层单元的运移，同样的规律也适用，但是累积的体积将会有所减少。我们可以计算每一层的最大柱高［图5.8（b）］。对于封隔层，假定毛细管阈值压力遵循高斯分布，同时每个封隔层能够保持的柱高也服从高斯分布。柱高分布的参数为μ=90m和σ^2=16m。接下来，可以运用切比雪夫不等式分析并估计二氧化碳通过封隔层运移的概率，即高度h的值超出某一阈值的概率：

$$\Pr(|h-\mu| \geq \kappa\sigma) \leq 1/\kappa^2 \tag{5.1}$$

其中，κ是大于1的标准差的值。

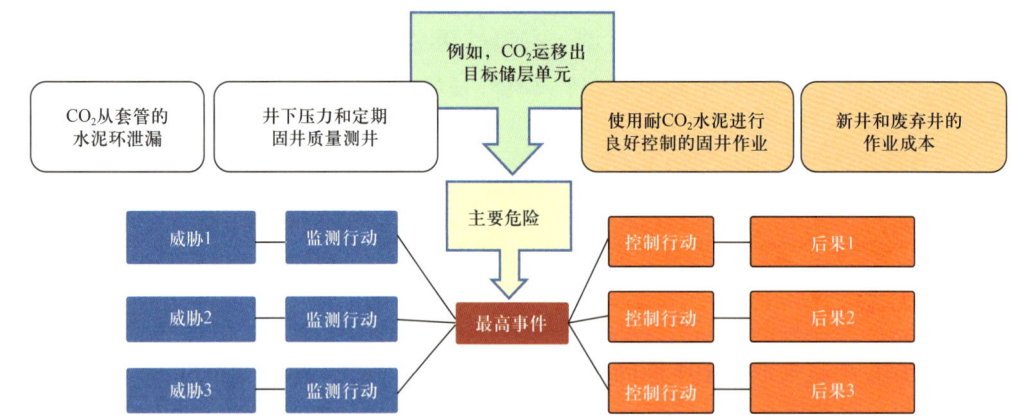

图5.7 使用一个典型的例子，对实际风险管理的"蝴蝶结"方法进行简单总结，该方法是一个帮助项目团队审查潜在威胁并将其与监控和控制行动相匹配的系统

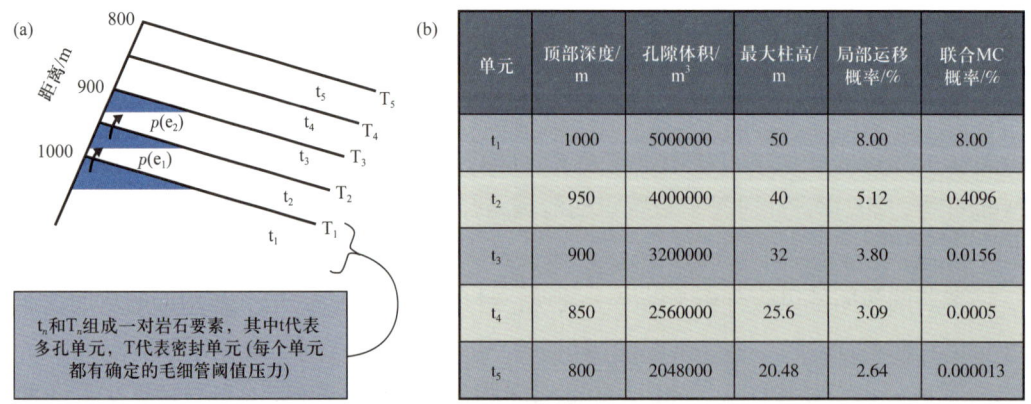

单元	顶部深度/m	孔隙体积/m³	最大柱高/m	局部运移概率/%	联合MC概率/%
t_1	1000	5000000	50	8.00	8.00
t_2	950	4000000	40	5.12	0.4096
t_3	900	3200000	32	3.80	0.0156
t_4	850	2560000	25.6	3.09	0.0005
t_5	800	2048000	20.48	2.64	0.000013

图5.8 （a）倾斜断块中由封隔层（T_1—T_5）分隔的封存单元（t_1—t_5）的简化堆叠示意以及（b）在堆叠封存模型中估算了柱高超过阈值压力时CO_2运移的可能性

将式（5.1）应用于堆积模型数据集，可以估计局部运移概率，即最大柱高超过局部毛细管阈值压力的概率［图5.8（b）］。虽然每层的密封性能都被假定为同一高斯分布，但由于最大柱高减少（受束缚影响），运移概率向上逐级递减。最后，利用马尔可夫链概念可以估算运移到第i层的总联合概率［在图5.8（b）的表格中的最右列］。例如，渗透至t_4的可能性极低，仅有0.0005%，这充分证实了多层封闭系统在二氧化碳地质封存中的重要作用。在这种简单的情形下，鉴于我们掌握了一个完全确定的几何体系，故而每层二氧化碳的体积与其聚集的柱状高度之间的关系是可知的。但是，在通常情况下，系统的几何形状是不确定的，在确定体积与柱高之间的关系时会存在不确定因素。然而，针对已知的封存系统，可以参考Callioli Santi等（2022）的研究评估这一关系，他们将该方法应用于Sleipner项目的多层二氧化碳封存系统和一个已知的历史性浅层气体运移泄漏案例。这种方法的优势在于可以评估复杂地质系统中的运移风险。此外，在监测和验证封存复合体方面，IPMC方法有助于指导监测计划的制定，使其能够理想地聚焦于确保二氧化碳从封存单元可能运移到一个或多个风险较高的岩石单元中的过程能被有效检测。监测或检测极不可能发生的事件几乎毫无意义。

5.3　CCS项目规模化模型

为了应对气候变化，到2050年全球必须达到大约7Gtpa的CCS部署规模。怎么能够合理地实现这一目标呢？Ringrose和Meckel（2019）在对全球近海大陆边缘的二氧化碳封存潜力进行分析时指出，存在大量可用的封存资源，这些资源多数靠近主要工业中心和特大型城市，而这些城市一般位于流向近海沉积盆地的主要河流旁（图5.9）。这些大陆边缘的上部主要是很厚的新生代沉积物，这些沉积物提供了巨大的地下岩石体积。得益于其适宜的地下深度和相对较近的地质年代（低压实度、有限的成岩作用以及高孔隙度），它们展现出良好的封存潜力。这些资源应当能够满足全球十亿吨规模的二氧化碳封存目标，并已在欧洲西北部的北海盆地以及巴西近海被开发用于二氧化碳封存。虽然，很多陆地沉积盆地中同样蕴藏着类似的资源，但海洋资源拥有更低的技术风险、更高的社会认可度以及远离人口密集区的优势。Ringrose和Meckel（2019）利用盆地地压框架（按第3章）以及各个注入井预期的CO_2注入速率经验数据，构建了随时间变化所需CO_2注入井数量与对应累计CO_2注入量之间的关系转换模型（图5.10）。

钻井速度是根据三个不同地质区域的油气井井史数据集确定的，这些区域包括墨西哥湾（GoM）、挪威海上大陆架（挪威）以及墨西哥湾得克萨斯州近海大陆架（得克萨斯州）。这三组井史数据集自2020年起开始重新绘制，以供建模使用，为未来可能的二氧化碳注入井的部署提供参考。除了获取各种规模盆地发展的情况，每个数据集都展现了一个典型的"建设与成熟"的过程，最初表现为指数型增长，随着行业逐渐成熟，增长速度在后期将逐步放缓,这一特点也可能在未来的二氧化碳封存领域中出现。钻井数量与相应 CO_2 注入量的对应关系采用了概率模型,该模型包含 P10、P50 和 P90 曲线[基于实际数据集,假定注入速率分别为 P90=0.33Mtpa、P50=0.70Mtpa 和 P10=1.06Mtpa;详见 Ringrose 和 Meckel(2019)的附录]。假设每口井的注入寿命为 25 年。

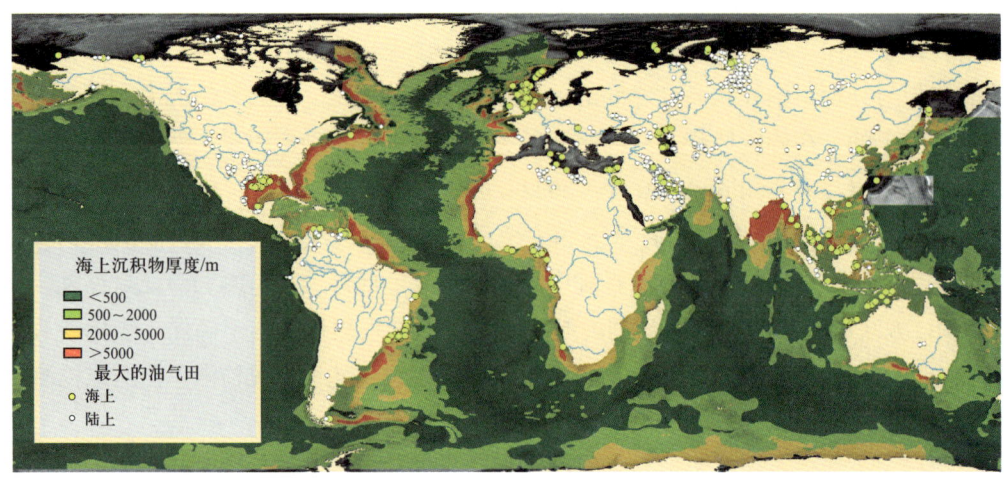

图 5.9　全球大陆边缘的沉积物分布及其厚度,展示了最大的油田与主要河流系统[据 Ringrose 和 Meckel,2019;数据来源:Divins(2003),Whittaker 等(2013),Mann 等(2001)]

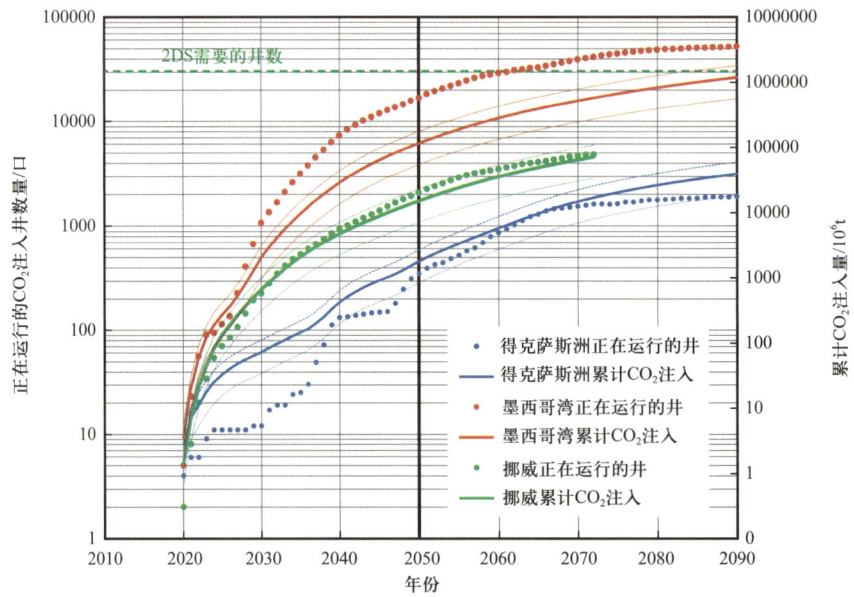

图 5.10　依托三个不同地质区域的油气开采井的历史数据集,构建了预测 CO_2 注入井数量(点)及其相应累计 CO_2 注入量(曲线)增长的模型(据 Ringrose 和 Meckel,2019,重新绘制)

自 2020 年起,历史数据集已经重新整理,旨在为未来潜在的区域 CCS 井部署提供参考视角;细虚线代表高(P10)和低(P90)的界限;每口井的注入速率假设为 P90=0.33Mtpa、P50=0.70Mtpa、P10=1.06Mtpa;2DS 表示将全球气温的增加限定在 2℃以内的情境下

从这个分析中可以得出几个观察结果：

（1）到 2050 年，大约需要 12000 口二氧化碳注入井才能实现 7Gtpa 的注入量（P10—P90 的范围在 10000~14000 口之间）；

（2）截至 2043 年，一个墨西哥湾井开发模型能够实现 7Gtpa 的封存能力，而到了 2050 年，这一数字有望增长至 12Gtpa，在这种情况下，到 2050 年累计封存量为 116×10^9t；

（3）此外，预计到 2050 年，挪威的五种海上井开发模式将能够实现 7Gtpa 的封存量，届时 2050 年的累计封存量将达到 73×10^9t。

CCS 行业模式的一个关键特征在于，只需利用全球海上油井的一小部分，便可满足全球对二氧化碳封存的需求。截至 2020 年，美国在 2014 年（至今最高峰年份）拥有超过 100 万口正在运行的油气井（EIA，2020）。虽然海上 CCS 在众多地区是一个理想的选择，但并非必须在每个地方都实施它才能取得全球性的效益。因此，可以将重点放在那些根据地质和经济因素确定的、具有最佳前景的区域。实际上，CCS 的发展有可能出现在靠近陆地捕集主要地点的若干近海盆地，同时也可能在部分陆上盆地进行。

令人惊讶的是，挪威模式满足全球约五分之一的需求，因此它成为"陆上 CCS 集群建设模型"的典范（图 5.11）。这意味着，五大洲各自应致力于在未来 10 年内建成大约 200 口二氧化碳注入井，并争取到 2040 年达到 1000 口二氧化碳注入井的目标，这为宏观规划设定了一个极具信服力的目标。

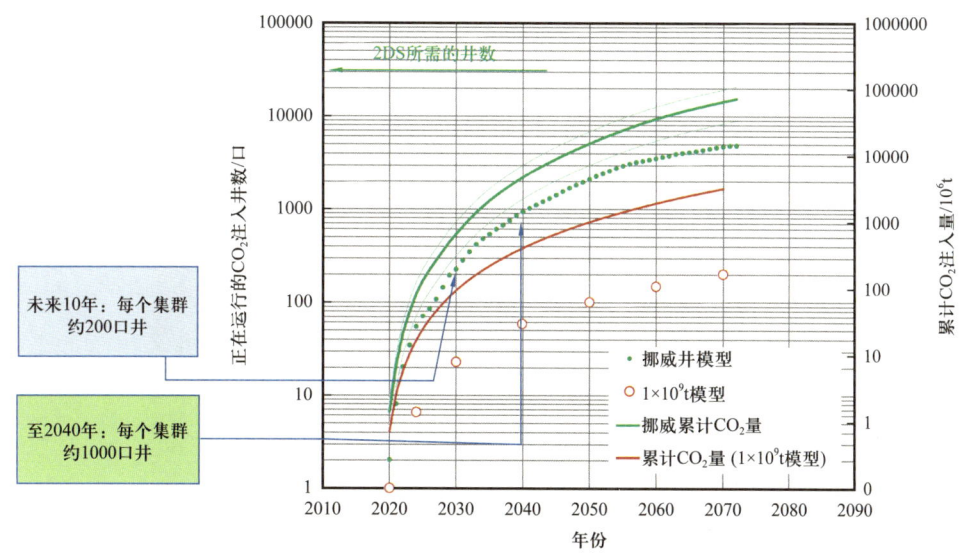

图 5.11 挪威井模型作为陆上 CCS 产业集群发展的模板（绿色曲线）；同时展示的还有一条 1×10^9t 模型的红色曲线，显示到 2050 年需要多少口井才能累计达到 1×10^9t 的 CO_2 封存量

还可以利用对井数据进行拟合的解析幂律函数推广这些井率模型：

$$N_{\text{wells}}=T^p$$

挪威的钻井速率与函数 $N_{\text{wells}}=T^{2.2}$（年数）非常接近。或者，假设井 1 是在 2020 年钻探的，函数 $N_{\text{wells}}=T^{1.355}$ 预测到 2050 年的累计注入量将达到 1×10^9t，如图 5.11 所示。表 5.1 中还提供了其他示例。历史平均二氧化碳注入率为 0.7Mtpa（该分析中使用此数据），这并不意味着最大注入量，对于高孔隙度且没有明显渗流屏障的地层而言，最大流量可轻松达到 1~3Mtpa。因此，未来可通过表 5.1 所示的一半数量的井实现 1×10^9t 的累积封存。

表 5.1　展示了达成特定累计 CO_2 封存目标所需井数的简化幂律模型结果

（基于平均注入率 0.7Mtpa 的假设）

2050 年目标（10^9t）	2030 年的井数（口）	2050 年的井数（口）	指数
1	26	105	1.355
4	75	484	1.800
10	156	1378	2.105
100	896	16905	2.830

在这里再次强调的是，这种预计的 CCS 活动的增长并不是取代可再生能源快速增长或采用一系列提高能源效率措施的选择。所有低排放能源选项都需要同时进行，并进行紧急部署。此外，所有这些选项在技术上都是可行的，并且在工业规模上已经得到验证（图 5.12）。即使假设新的可再生能源供应具有雄心勃勃的增长速度（例如，假设可以实现

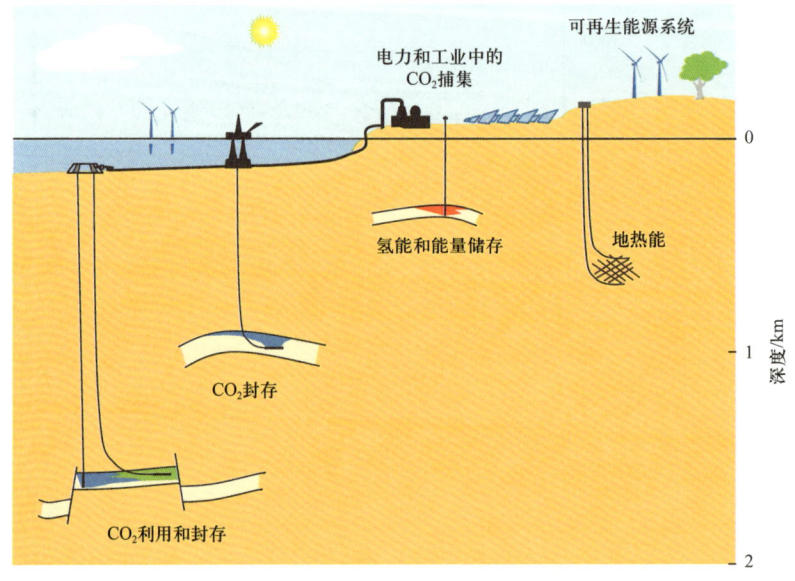

图 5.12　低排放能源解决方案概念草图

10%的增长率），CCS仍然需要用于处理工业排放，减少现有化石燃料能源系统的碳排放，并支持负排放捕集技术。这不是一个"非此即彼"的游戏，应对气候变化的挑战迫切需要采取"全面行动"。

5.4 未来挑战的总结

尽管CCS技术已相当成熟，并且咸水层封存经过了充分的试验和测试，但这并不意味着没有进一步改进的空间。随着二氧化碳封存逐步成为全球范围内向低排放社会转型过程中的关键活动，我们有望见证创新和优化使得这一过程变得更高效、更具成本效益。大部分所需的技术发展涉及规模扩大的问题，而一些则与特定的技术差距有关。在一篇关于咸水层封存科学和技术的综述中，Michael等（2009）强调了需要进一步努力以减少不确定性的四个领域：

（1）地球化学；
（2）数值模拟；
（3）封存能力分类和估计；
（4）最佳实践和封存场所表征。

这为未来的研究提供了一个良好的框架。为了理解二氧化碳与原生咸水及围岩之间的地球化学相互作用，需要开展更多研究工作。在这一过程中，先进的流动模拟技术可能将提供关键的新见解。CO_2封存预测需结合多物理场耦合建模（热—水文—力学—化学耦合模型）并采用大规模并行计算架构下的高分辨率模型。场所表征数据集的优化利用以及对封存资源量的更准确评估同样至关重要，这包括对封存系统智能储层数值模型的设计（Ringrose和Bentley，2021）。多相流和多组分运移的先进开源计算方法，例如Hammond等在2012年提出的方法，已被证实在未来二氧化碳封存场所选址和评估方面极具价值（Orsini等，2021）。图5.13展示了Sleipner二氧化碳羽流的高分辨率模型示例，该模型包括了羽流上升运移过程中冷却作用的耦合热效应模拟［模型假设来源于Nazarian和Furre（2022），并采用了Furre等（2023）通过时间偏移地震成像分析获得的最新研究成果］。进入预测模式后，通过对众所周知的Sleipner项目等进行模拟分析，能够提升预测未来封存场所长期稳定性的信心。例如，图5.14展示了假设向挪威近海的Smeaheia封存潜力区注入2.4×10^9t二氧化碳的详细地质模型，这有助于评估二氧化碳羽流的预期足迹以及实现十亿吨级封存所需的井数。注意在该模拟中，由于与西部Troll气田的压力相连，维京群含水层已经枯竭。在展示的模型中，采用人工产水井提取出与Troll气田产气量体积大小相当的水。实际上，正因为维京群岩层的压力已耗尽，这里才能注入大量气体而不受压力增长的限制（Nazarian等，2018）。

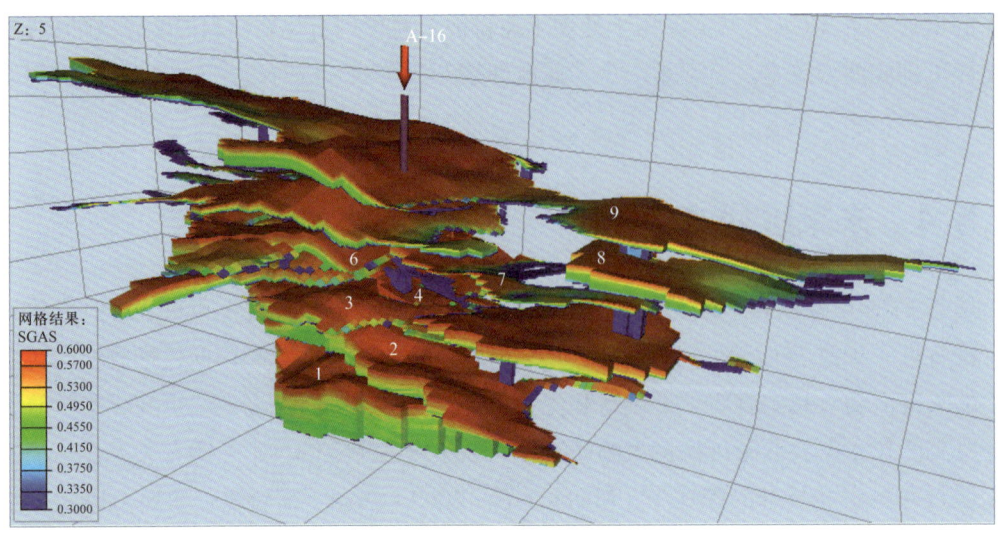

图 5.13 Sleipner CO_2 羽流的高分辨率模型示例（据 Nazarian 和 Furre，2022，修改；图片由艾奎诺公司提供）

其中包含了耦合热效应的模拟，运用了 PFLOTRAN 模拟器进行仿真；该模型基于 Sleipner 的全场数据，网格单元尺寸设定为 25m×25m×1m；图件展现了 2020 年全部九个地层中的 CO_2 羽流分布情况

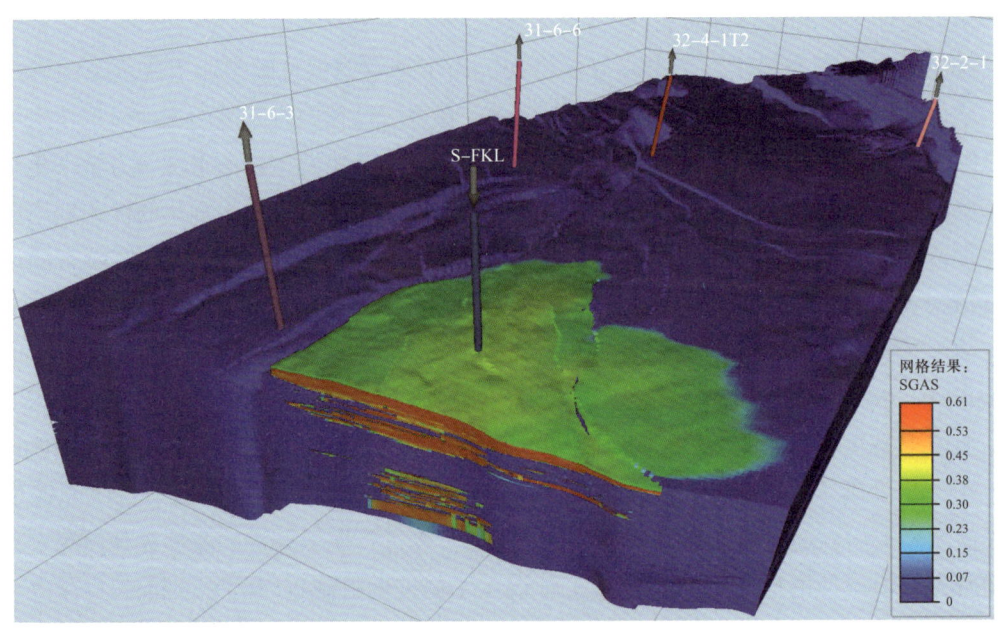

图 5.14 在 Smeaheia 封存潜力区地质模型中注入 $2.4×10^9$t CO_2 的流动模拟预测示例（模拟和图像由艾奎诺公司的 B. Nazarian 提供）

在靠近注入井的横截面处，可以观察到注入 100a 后 CO_2 羽流在较深的 Dunlin 含水层以及较浅的维京群含水层中的分布情况；采用 Intersect 模拟器完成了模拟工作；所展示的地质模型宽约 31km（近断面处），厚度为 1km

考虑到封存的运营方面，Michael 等（2010）回顾了二氧化碳封存作业的实践经验，证实了咸水层封存技术的可行性，并强调了场地监测和注入过程优化方面亟须改进。在

Ringrose 等（2021）对咸水层封存的最新评估中，也强调了场地监测和注入优化应作为技术发展的关键领域。根据至今的项目经验，列举出支持全球规模扩展可能需要的关键技术是有益的。以下内容可能会构成大多数项目的"前十"愿景清单：

（1）处理沉积盆地中多个水力连通含水层项目；

（2）优化注入井的注入速率；

（3）处理和管理项目生命周期内的压力限制；

（4）处理井眼周围的地球化学反应（如岩盐和碳酸盐的沉淀现象）；

（5）了解注入压力增加时地质力学的反应情况；

（6）理解长期运移和封存机制；

（7）开发成本效益高的监测系统，包括：

① 小体积四维地震探测技术的改进（薄层），

② 监测与处置自然及诱发性地震；

（8）应对低概率风险与公众担忧；

（9）降低或控制老井泄漏的风险；

（10）寻求成本效益高的基础设施解决方案，有效利用现有的石油和天然气基础设施。

尽管这份清单还有扩充的空间，但它已包含了大多数关键议题。此外，这里未讨论实施二氧化碳封存项目时所面临的社会经济挑战。封存作业获得社会许可无疑将是未来的一项重大挑战，但对二氧化碳封存技术的信心却是赢得社会认可的重要"敲门砖"。

在该 DISC 课程及其配套书籍中，我们综述了咸水层二氧化碳封存技术的多数方面，并特别强调了地球物理监测领域的优化（按第 4 章）。我们没有详细涵盖的一些重要课题包括耦合储层流动模拟和地球化学反应的处理。我们尚未解决管理二氧化碳运移系统所涉及的诸多问题，以及二氧化碳在管道和井筒系统中的相态行为问题。

总之，我们知道需要显著加快 CCS 项目的部署速度，以实现全球和各国的气候减排目标。为了达成这些目标，将二氧化碳封存在咸水层，为减少排放至大气中的二氧化碳提供了一种成熟并可能成为主流的选择。其他重要的选择包括将二氧化碳注入枯竭的油气藏进行处理，以及在玄武岩和超镁铁质岩层中进行二氧化碳的储存（这是本书未涉及的议题）。此外，咸水层二氧化碳封存是一种多管齐下的方法：

（1）它可用于管理从工业排放中捕集的二氧化碳（例如水泥和钢铁制造）；

（2）它可以支持现有化石燃料能源系统的脱碳（例如，电站排放捕集或通过天然气重整技术制取氢气）；

（3）它需要支持负排放捕集技术的持续增长（例如 BECCS、BiCRS 和 DAC）。

此外，我们认为，世界各地的沉积盆地拥有充裕的封存资源，未来几十年用于处理二氧化碳所需的注入井数量是可靠且可以实现的。二氧化碳地质封存工程不仅是一项现成且可行的技术，同时也是一项极为有益的活动——CCS 能够帮助各国乃至全球实现气候目标。即便如此，将CCS视作一项经济活动的财务支撑结构仍显得不够坚固。通常情况下，完备的CCS项目的成本大致在每吨二氧化碳50~200美元之间，这一具体数额主要取决于所选用的碳捕集技术类型。许多人认为这太昂贵了，尤其是需要大量的前期资本投资。然而，正如许多专家所强调的，不采取措施应对气候变化和全球变暖的代价将会更为高昂（IFRC，2019）。另外，正如IPCC所指出的，若不采用CCS技术，到2050年达到净零排放的总体减排成本将会是不使用该技术情况下的两倍以上（Pachauri等，2014）。因此，CCS项目的好处是多方面的，CCS能够以成本效益的方式实现各国和全球的气候目标。一口二氧化碳注入井每年可处理1×10^6t二氧化碳，这无疑是极其珍贵的资源，它正助力我们的世界实现脱碳！幸运的是，支持CCS解决方案的融资框架正在得到改善，新项目的活动速度也在加快（GCCSI，2022）。在理想状态下，CCS项目应当被认为是极具益处的工业项目，它在新兴的绿色经济活动领域内创造价值并提供就业机会。

参 考 文 献

Aaker, O. E., 2022, Computational and robustness improvements in waveform inversion: Doctoral thesis, NTNU, Trondheim, Norway.

Al-Hussainy, R., H. J. Ramey Jr., and P. B. Crawford, 1966, The flow of real gases through porous media: Journal of Petroleum Technology, 18, no. 05, 624–636, https://doi.org/10.2118/1243-A-PA.

Alcalde, J., S. Flude, M. Wilkinson, G. Johnson, K. Edlmann, C. E. Bond, V. Scott, S. M. V. Gilfillan, X. Ogaya, and R. S. Haszeldine, 2018, Estimating geological CO_2 storage security to deliver on climate mitigation: Nature Communications, 9, no. 1, 2201, https://doi.org/10.1038/s41467-018-04423-1.

Alnes, H., O. Eiken, S. Nooner, G. Sasagawa, T. Stenvold, and M. Zumberge, 2011, Results from Sleipner gravity monitoring: Updated density and temperature distribution of the CO_2 plume: Energy Procedia, 4, 5504–5511, https://doi.org/10.1016/j.egypro.2011.02.536.

Amarasinghe, W., I. Fjelde, J. A. Rydland, and Y. Guo, 2019, Effects of permeability and wettability on CO_2 dissolution and convection at realistic saline reservoir conditions: A visualization study: SPE Europec featured at 81st EAGE Conference and Exhibition, Society of Petroleum Engineers.

Anthony, E., and N. Vedanti, 2022, Seismic low-frequency shadows and their application to detect CO_2 anomalies on time-lapse seismic data: A case study from the Sleipner Field, North Sea: Geophysics, 87, no. 2, B81–B91, https://doi.org/10.1190/geo2020-0276.1.

Arts, R., O. Eiken, A. Chadwick, P. Zweigel, L. Van der Meer, and B. Zinszner, 2004, Mon-itoring of CO_2 injected at Sleipner using time-lapse seismic data: Energy, 29, no. 9/10, 1383–1392, https://doi.org/10.1016/j.energy.2004.03.072.

Bacci, V. O., A. Halladay, S. O'Brien, N. Henderson, and M. Anderson, 2017, Time-lapse seismic as a component of the quest CCS MMV plan: EAGE/SEG Research Workshop 2017, cp-522, European Association of Geoscientists & Engineers.

Bachu, S., 2015, Review of CO_2 storage efficiency in deep saline aquifers: International Journal of Greenhouse Gas Control, 40, 188–202, https://doi.org/10.1016/j.ijggc.2015.01.007.

Bachu, S., D. Bonijoly, J. Bradshaw, R. Burruss, S. Holloway, N. P. Christensen, and O. M. Mathiassen, 2007, CO_2 storage capacity estimation: Methodology and gaps: Interna-tional Journal of Greenhouse Gas Control, 1, no. 4, 430–443, https://doi.org/10.1016/S1750-5836（7）00086-2.

Baines, S. J., and R. H. Worden, 2004, The long-term fate of CO_2 in the subsurface: Natu-ral analogues for CO_2 storage: Geological Society of London, Special Publications, 233, no. 1, 59–85, https://doi.org/10.1144/GSL.SP.2004.233.01.06.

Baklid, A., R. Korbol, and G. Owren, 1996, Sleipner vest CO_2 disposal, CO_2 injection into a shallow underground aquifer: SPE Annual Technical Conference and Exhibition, Society of Petroleum Engineers, https://doi.org/10.2118/36600-MS.

Baumann, G., J. Henninges, and M. De Lucia, 2014, Monitoring of saturation changes and salt precipitation during CO_2 injection using pulsed neutron-gamma logging at the Ketzin pilot site: International Journal of Greenhouse Gas Control, 28, 134–146, https://doi.org/10.1016/j.ijggc.2014.06.023.

Bennion, B., and S. Bachu, 2006, Dependence on temperature, pressure, and salinity of the IFT and relative permeability displacement characteristics of CO_2 injected in deep saline aquifers: Paper SPE 102138, presented at the 2006 SPE Annual Technical Con-ference and Exhibition, San Antonio, TX, 24–27 September.

Berg, R. R., 1975, Capillary pressures in stratigraphic traps: AAPG Bulletin, 59, no. 6, 939–956, https:

//doi.org/10.1306/83D91EF7-16C7-11D7-8645000102C1865D.

Bhave, A., R. H. Taylor, P. Fennell, W. R. Livingston, N. Shah, N. Mac Dowell, J. Dennis, M. Kraft, M. Pourkashanian, M. Insa, and J. Jones, N. Burdett, A. Bauen, C. Beal, A. Smallbone, and J. Akroyd, 2017, Screening and techno-economic assessment of bio-mass-based power generation with CCS technologies to meet 2050 CO_2 targets: Applied Energy, 190, 481–489, https://doi.org/10.1016/j.apenergy.2016.12.120.

Bickle, M., A. Chadwick, H. E. Huppert, M. Hallworth, and S. Lyle, 2007, Modelling car-bon dioxide accumulation at Sleipner: Implications for underground carbon storage: Earth and Planetary Science Letters, 255, no. 1–2, 164–176, https://doi.org/10.1016/j.epsl.2006.12.013.

Birkholzer, J. T., A. Cihan, and Q. Zhou, 2012, Impact-driven pressure management via targeted brine extraction—Conceptual studies of CO_2 storage in saline formations: International Journal of Greenhouse Gas Control, 7, 168–180, https://doi.org/10.1016/j.ijggc.2012.01.001.

Black, J. R., S. A. Carroll, and R. R. Haese, 2015, Rates of mineral dissolution under CO_2 storage conditions: Chemical Geology, 399, 134–144, https://doi.org/10.1016/j.chemgeo.2014.09.020.

Bolås, H. M. N., and C. Hermanrud, 2003, Hydrocarbon leakage processes and trap reten-tion capacities offshore Norway: Petroleum Geoscience, 9, no. 4, 321–332, https://doi.org/10.1144/1354-079302-549.

Bond, C. E., R. Wightman, and P. S. Ringrose, 2013, The influence of fracture anisotropy on CO_2 flow: Geophysical Research Letters, 40, no. 7, 1284–1289, https://doi.org/10.1002/grl.50313.

Bouquet, S., A. Gendrin, D. Labregere, I. Le Nir, T. Dance, Q. J. Xu, and Y. Cinar, 2009, CO2CRC Otway Project, Australia: Parameters influencing dynamic modeling of CO_2 injection into a depleted gas reservoir: Offshore Europe, Society of Petroleum Engi-neers.

Bourne, S., S. Crouch, and M. Smith, 2014, A risk-based framework for measurement, monitoring and verification of the Quest CCS Project, Alberta, Canada: International Journal of Greenhouse Gas Control, 26, 109–126, https://doi.org/10.1016/j.ijggc.2014.04.026.

Bradshaw, J., S. Bachu, D. Bonijoly, R. Burruss, S. Holloway, N. P. Christensen, and O. M. Mathiassen, 2007, CO_2 storage capacity estimation: Issues and development of stan-dards: International Journal of Greenhouse Gas Control, 1, no. 1, 62–68, https://doi.org/10.1016/S1750-5836（7）00027-8.

Brooks, R. H., and A. T. Corey, 1964, Hydraulic properties of porous media: Hydrology paper No. 3: Colorado State Univ., https://mountainscholar.org/bitstream/han-dle/10217/61288/HydrologyPapers_n3.pdf.

Busch, A., S. Alles, Y. Gensterblum, D. Prinz, D. N. Dewhurst, M. D. Raven, H. Stanjek, and B. M. Krooss, 2008, Carbon dioxide storage potential of shales: International Journal of Greenhouse Gas Control, 2, no. 3, 297–308, https://doi.org/10.1016/j.ijggc.2008.03.003.

Callioli Santi, A., P. Ringrose, J. Eidsvik, and T. A. Haugdahl, 2022, Assessing CO_2 storage containment risks using an invasion percolation Markov chain concept: Proceedings of the 16th Greenhouse Gas Control Technologies Conference (GHGT-16), 23–24 October, https://doi.org/10.2139/ssrn.4282992.

Carroll, S. A., W. W. McNab, and S. C. Torres, 2011, Experimental study of cement-sand-stone/shale-brine-CO_2 interactions: Geochemical Transactions, 12, no. 1, 9, https://doi.org/10.1186/1467-4866-12-9.

Cavanagh, A. J., and R. S. Haszeldine, 2014, The Sleipner storage site: Capillary flow mod-eling of a layered CO_2 plume requires fractured shale barriers within the Utsira Forma-tion: International Journal of Greenhouse Gas Control, 21, 101–112, https://doi.org/10.1016/j.ijggc.2013.11.017.

Cavanagh, A. J., R. S. Haszeldine, and M. J. Blunt, 2010, Open or closed? A discussion of the mistaken assumptons in the Economides pressure analysis of carbon sequestra−tion: Journal of Petroleum Science Engineering, 74, no. 1−2, 107−110, https: //doi. org/10.1016/j.petrol.2010.08.017.

Cavanagh, A. J., R. S. Haszeldine, and B. Nazarian, 2015, The Sleipner CO_2 storage site: Using a basin model to understand reservoir simulations of plume dynamics: First Break, 33, no. 6, 61−68, https: //doi. org/10.3997/1365−2397.33.6.81551.

Chadwick, A., R. Arts, C. Bernstone, F. May, S. Thibeau, and P. Zweigel, P., 2008, Best prac−tice for the storage of CO_2 in saline aquifers−observations and guidelines from the SACS and CO2STORE projects: British Geological Survey, Vol. 14., https: //www.glo−balccsinstitute.com/archive/hub/publications/160498/best−practice−storage−co2− saline−aquifers−observations−guidelines−sacs−co2store−projects.pdf.

Chadwick, R., R. Arts, O. Eiken, G. Kirby, E. Lindeberg, and P. Zweigel, 2004, 4D seismic imaging of an injected CO_2 plume at the Sleipner field, central North Sea: Geological Society, London, Memoirs, 311−320, https: //doi.org/10.1144/GSL.MEM.2004. 029.01.29.

Chadwick, A., G. Williams, N. Delepine, V. Clochard, K. Labat, S. Sturton, M.−L. Bud−densiek, M. Dillen, M. Nickel, A. L. Lima, R. Arts, F. Neele, and G. Rossi, 2010, Quantitative analysis of time−lapse seismic monitoring data at the Sleipner CO_2 storage operation: The Leading Edge, 29, no. 2, 170−177, https: //doi.org/10.1190/ 1.3304820.

Chadwick, A., G. Williams, and I. Falcon−Suarez, 2019, Forensic mapping of seismic veloc−ity heterogeneity in a CO_2 layer at the Sleipner CO_2 storage operation, North Sea, using time−lapse seismics: International Journal of Greenhouse Gas Control, 90, 102793, https: //doi.org/10.1016/j.ijggc.2019.102793.

Chiaramonte, L., J. A. White, and W. Trainor−Guitton, 2015, Probabilistic geomechanical analysis of compartmentalization at the Snøhvit CO_2 sequestration project: Journal of Geophysical Research, Solid Earth, 120, no. 2, 1195−1209, https: //doi.org/10.1002/ 2014JB011376.

Couëslan, M. L., R. Butsch, R. Will, and R. A. Locke II, 2014, Integrated reservoir monitor−ing at the Illinois Basin−Decatur Project: Energy Procedia, 63, 2836−2847, https: //doi. org/10.1016/j.egypro.2014.11.306.

Cowton, L. R., J. A. Neufeld, N. J. White, M. J. Bickle, J. C. White, and R. A. Chadwick, 2016, An inverse method for estimating thickness and volume with time of a thin CO_2−filled layer at the Sleipner field, North Sea: Journal of Geophysical Research, Solid Earth, 121, no. 7, 5068−5085, https: //doi.org/10.1002/2016JB012895.

Dake, L. P., 2001, The Practice of Reservoir Engineering, revised edition, v. 36: Elsevier. Davis, T. L., M. Landrø, and M. Wilson, eds., 2019, Geophysics and Geosequestration: Cambridge University Press, https: //doi.org/10.1017/9781316480724.

Divins, D. L., 2003, Total Sediment Thickness of the World's Oceans & Marginal Seas: NOAA National Geophysical Data Center, https: //ngdc.noaa.gov/mgg/sedthick/.

Dixon, T., S. T. McCoy, and I. Havercroft, 2015, Legal and regulatory developments on CCS: International Journal of Greenhouse Gas Control, 40, 431−448, https: //doi. org/10.1016/j.ijggc.2015.05.024.

Dixon, T., and K. D. Romanak, 2015, Improving monitoring protocols for CO_2 geological storage with technical advances in CO_2 attribution monitoring: International Journal of Greenhouse Gas Control, 41, 29−40, https: //doi.org/10.1016/j.ijggc.2015.05.029.

EC, 2009, Directive 2009/31/EC of the European Parliament and of the Council of 23 April 2009 on the geological storage of carbon dioxide and amending Council Direc−tive 85/337/EEC, European Parliament and Council Directives 2000/60/EC, 2001/80/ EC, 2004/35/EC, 2006/12/EC, 2008/1/EC and Regulation（EC）No. 1013/2006.

Ehlig-Economides, C., and M. J. Economides, 2010, Sequestering carbon dioxide in a closed underground volume: Journal of Petroleum Science Engineering, 70, no. 1-2, 123-130, https://doi.org/10.1016/j.petrol.2009.11.002.

EIA, 2020, The distribution of U.S. oil and natural gas wells by production rate: Press Release, Dec., https://www.eia.gov/petroleum/wells/.

Fawad, M., and N. H. Mondol, 2021, Monitoring geological storage of CO_2: A new approach: Scientific Reports, 11, no. 1, 5942, https://doi.org/10.1038/s41598-021-85346-8.

Finley, R. J., 2014, An overview of the Illinois Basin-Decatur project: Greenhouse Gases: Science and Technology, 4, no. 5, 571-579, https://doi.org/10.1002/ghg.1433.

Fjær, E., R. M. Holt, A. M. Raaen, R. Risnes, and P. Horsrud, 2021, Petroleum Related Rock Mechanics, 3rd ed.: Elsevier.

Frailey, S., G. Koperna, and O. Tucker, 2018, The CO_2 storage resources management sys-tem (SRMS): Toward a common approach to classifying, categorizing, and quantifying storage resources: 14th Greenhouse Gas Control Technologies Conference, Melbourne.

Frykman, P., 2022, Trapping diagrams as case specific indicators for storage security (Nov. 11, 2022). Available at SSRN: https://ssrn.com/abstract=4274753 or https://doi.org/10.2139/ssrn.4274753.

Furre, A.-K., H. Alnes, M. J. Warchoł, and A. S. M. Pontén, 2023, Sleipner 26 years: How well-established subsurface monitoring work processes have contributed to successful offshore CO_2 injection: Geological Society Special Publication (in review).

Furre, A.-K., and O. Eiken, 2014, Dual sensor streamer technology used in Sleipner CO_2 injection monitoring: Geophysical Prospecting, 62, no. 5, 1075-1088, https://doi.org/10.1111/1365-2478.12120.

Furre, A.-K., O. Eiken, H. Alnes, J. N. Vevatne, and A. F. Kiær, 2017, 20 years of monitoring CO_2-injection at Sleipner: Energy Procedia, 114, 3916-3926, https://doi.org/10.1016/j.egypro.2017.03.1523.

Furre, A.-K., A. Kiær, and O. Eiken, 2015, CO_2-induced seismic time shifts at Sleipner: Interpretation, 3, no. 3, SS23-SS35, https://doi.org/10.1190/INT-2014-0225.1.

Furre, A.-K., R. Meneguolo, L. Pinturier, and K. Bakke, 2020, Planning deep subsurface CO_2 storage monitoring for the Norwegian full-scale CCS project: First Break, 38, no. 10, 55-60, https://doi.org/10.3997/1365-2397.fb2020074.

Ganjdanesh, R., and S. A. Hosseini, 2018, Development of an analytical simulation tool for storage capacity estimation of saline aquifers: International Journal of Greenhouse Gas Control, 74, 142-154, https://doi.org/10.1016/j.ijggc.2018.04.017.

Gasda, S., M. Wangen, T. Bjørnara, and M. Elenius, 2017, Investigation of caprock integ-rity due to pressure build-up during high-volume injection into the Utsira formation: Energy Procedia, 114, 3157-3166, https://doi.org/10.1016/j.egypro.2017.03.1444.

GCCSI, 2017, Global costs of carbon capture and storage -2017 Update, 2017: Global CCS Institute, https://www.globalccsinstitute.com/.

GCCSI, 2022, Global status of CCS 2022: Global CCS Institute, https://status22.globalcc-sinstitute.com/.

Ghaderi, A., and M. Landrø, 2009, Estimation of thickness and velocity changes of injected carbon dioxide layers from prestack time-lapse seismic data: Geophysics, 74, no. 2, O17-O28, https://doi.org/10.1190/1.3054659.

Gibson-Poole, C. M., L. Svendsen, J. Underschultz, M. N. Watson, J. Ennis-King, P. J. Van Ruth, E. J. Nelson, R. F. Daniel, and Y. Cinar, 2008, Site characterisation of a basin-scale CO_2 geological storage system: Gippsland Basin, southeast Australia: Environ-mental Geology, 54, no. 8, 1583-1606, https:

//doi.org/10.1007/s00254-007-0941-1.

Gilfillan, S. M., C. J. Ballentine, G. Holland, D. Blagburn, B. S. Lollar, S. Stevens, M. Schoell, and M. Cassidy, 2008, The noble gas geochemistry of natural CO_2 gas reser-voirs from the Colorado Plateau and Rocky Mountain provinces, USA: Geochimica et Cosmochimica Acta, 72, no. 4, 1174–1198, https://doi.org/10.1016/j.gca.2007.10.009.

Gilfillan, S., S. Haszedline, F. Stuart, D. Gyore, R. Kilgallon, and M. Wilkinson, 2014, The application of noble gases and carbon stable isotopes in tracing the fate, migration and storage of CO_2: Energy Procedia, 63, 4123–4133, https://doi.org/10.1016/j.egy-pro.2014.11.443.

Gilfillan, S. M., G. W. Sherk, R. J. Poreda, and R. S. Haszeldine, 2017, Using noble gas fin-gerprints at the Kerr Farm to assess CO_2 leakage allegations linked to the Weyburn-Midale CO_2 monitoring and storage project: International Journal of Greenhouse Gas Control, 63, 215–225, https://doi.org/10.1016/j.ijggc.2017.05.015.

Gislason, S. R., D. Wolff-Boenisch, A. Stefansson, E. H. Oelkers, E. Gunnlaugsson, H. Sig-urdardottir, B. Sigfusson, W. S. Broecker, J. M. Matter, M. Stute, G. Axelsson, and T. Fridriksson, 2010, Mineral sequestration of carbon dioxide in basalt: A pre-injection overview of the CarbFix project: International Journal of Greenhouse Gas Control, 4, no. 3, 537–545, https://doi.org/10.1016/j.ijggc.2009.11.013.

Goertz-Allmann, B. P., S. J. Gibbons, V. Oye, R. Bauer, and R. Will, 2017, Characterization of induced seismicity patterns derived from internal structure in event clusters: Jour-nal of Geophysical Research, Solid Earth, 122, no. 5, 3875–3894, https://doi.org/10.1002/2016JB013731.

Goertz-Allmann, B. P., N. Langet, D. Kühn, A. Baird, S. Oates, C. Rowe, S. Harvey, V. Oye, and H. Nakstad, 2022, Effective microseismic monitoring of the Quest CCS site, Alberta, Canada: 16th International Conference on Greenhouse Gas Control Tech-nologies, GHGT-16, 23–27 October 2022, Lyon, France.

Golan, M., and C. H. Whitson, 1991, Well Performance, 2nd ed.: Prentice Hall. Gollakota, S., and S. McDonald, 2014, Commercial-scale CCS project in Decatur, Illinois-

Construction status and operational plans for demonstration: Energy Procedia, 63, 5986–5993, https://doi.org/10.1016/j.egypro.2014.11.633.

Greenberg, S., S. Whittaker, A. Vance, and R. McKaskle, 2022, Projecting CCUS project costs using the Illinois Basin-Decatur Project as a cost basis (November 25, 2022): Proceedings of the 16th Greenhouse Gas Control Technologies Conference (GHGT-16), 23–24 October 2022. Available at SSRN: https://ssrn.com/abstract=4286337 or https://doi.org/10.2139/ssrn.4286337.

Grude, S., M. Landrø, and J. Dvorkin, 2014a, Pressure effects caused by CO_2 injection in the Tubåen Fm., the Snøhvit field: International Journal of Greenhouse Gas Control, 27, 178–187, https://doi.org/10.1016/j.ijggc.2014.05.013.

Grude, S., M. Landrø, and B. Osdal, 2013, Time-lapse pressure-saturation discrimination for CO_2 storage at the Snøhvit field: International Journal of Greenhouse Gas Con-trol, 19, 369–378, https://doi.org/10.1016/j.ijggc.2013.09.014.

Grude, S., M. Landrø, J. White, and O. Torsæter, 2014b, CO_2 saturation and thickness predictions in the Tubåen Fm., Snøhvit field, from analytical solution and time-lapse seismic data: International Journal of Greenhouse Gas Control, 29, 248–255, https://doi.org/10.1016/j.ijggc.2014.08.011.

Guo, T., 2022, Large-scale CO_2 injection analysis: Understanding pressure variation in multiple compartments using analytical and computational analysis approaches: Master's thesis, NTNU.

Haavik, K. E., and M. Landrø, 2014, Iceberg ploughmarks illuminated by shallow gas in the central North

Sea: Quaternary Science Reviews, 103, 34−50, https://doi.org/10.1016/j.quascirev.2014.09.002.

Hammond, G.E., P. C. Lichtner, C. Lu, and R. T. Mills, 2012, PFLOTRAN: Reactive flow and transport code for use on laptops to leadership-class supercomputers: Groundwa-ter Reactive Transport Models, 5, 141−159.

Hannis, S., A. Chadwick, D. Connelly, J. Blackford, T. Leighton, D. Jones, J. White, P.White, I. Wright, S. Widdicomb, J. Craig, and T. Dixon, 2017, Review of offshore CO_2 storage monitoring: Operational and research experiences of meeting regulatory and technical requirements: Energy Procedia, 114, 5967−5980, https://doi.org/10.1016/j.egypro.2017.03.1732.

Hansen, H., O. Eiken, and T. A. Aasum, 2005, Tracing the path of carbon dioxide from a gas-condensate reservoir, through an amine plant and back into a subsurface aquifer −case study: The Sleipner area, Norwegian North Sea: Society of Petroleum Engineers, SPE paper 96742, https://doi.org/10.2118/96742-MS.

Hansen, O., D. Gilding, B. Nazarian, B. Osdal, P. Ringrose, J. B. Kristoffersen, O. Eiken, and H. Hansen, 2013, Snøhvit: The history of injecting and storing 1 Mt CO_2 in the Fluvial Tubåen Fm: Energy Procedia, 37, 3565−3573, https://doi.org/10.1016/j.egy-pro.2013.06.249.

Hansteen, F., P. B. Wills, K. Hornman, L. Jin, and S. Bourne, 2010, Time-lapse refraction seismic monitoring: SEG Technical Program Expanded Abstracts, 4170−4174, https://doi.org/10.1190/1.3513735.

Harris, K., D. White, and C. Samson, 2017, Imaging the Aquistore reservoir after 36 kilo-tonnes of CO_2 injection using distributed acoustic sensing: Geophysics, 82, no. 6, M81−M96, https://doi.org/10.1190/geo2017-0174.1.

Harvey, S., J. Hopkins, H. Kuehl, S. O'Brien, and A. Mateeva, 2022, Quest CCS facility: Time-lapse seismic campaigns: International Journal of Greenhouse Gas Control, 117, 103665, https://doi.org/10.1016/j.ijggc.2022.103665.

Hassanzadeh, H., M. Pooladi-Darvish, and D. W. Keith, 2007, Scaling behavior of convec-tive mixing, with application to geological storage of CO_2: AIChE Journal, 53, no. 5, 1121−1131.

Hilbich, C., 2010, Time-lapse refraction seismic tomography for the detection of ground ice degradation: The Cryosphere, 4, no. 3, 243−259, https://doi.org/10.5194/tc-4-243-2010.

Huang, F., 2016, 3D Time-lapse analysis of seismic reflection data to characterize the res-ervoir at the Ketzin CO_2 storage pilot site: Doctoral dissertation, Acta Universitatis Upsaliensis (available online from University of Uppsala, Sweden).

IEA, 2016, 20 Years of Carbon Capture and Storage: Accelerating future deployment, https://www.iea.org/publications.

IEA, 2020, CCUS in Clean Energy Transitions, IEA, Paris, https://www.iea.org/reports/ccus-in-clean-energy-tranitions.

IEAGHG, 2016, Offshore Monitoring for CCS Projects, IEA Greenhouse Gas R&D Pro-gramme, Report 2015/02.

IFRC, 2019, The Cost of Doing Nothing: The Humanitarian Price of Climate Change and How It Can Be Avoided: International Federation of Red Cross and Red Crescent Societies, Geneva, www.ifrc.org.

Irlam, L., 2017, Global costs of carbon capture and storage: Global CCS Institute, glo-balccsinstitute.com.

Ivanova, A., A. Kashubin, N. Juhojuntti, J. Kummerow, J. Henninges, C. Juhlin, S. Lüth, and M. Ivandic, 2012, Monitoring and volumetric estimation of injected CO_2 using 4D seismic, petrophysical data, core measurements and well logging: A case study at Ketzin, Germany: Geophysical Prospecting, 60, no. 5, 957−973, https://doi.org/10.1111/j.1365-2478.2012.01045.x.

IPCC, 2018, Summary for Policymakers, in Global Warming of 1.5℃. An IPCC special report on the impacts of global warming of 1.5℃ above pre-industrial levels and related global greenhouse gas emission pathways, in the context of strengthening the global response to the threat of climate change, sustainable development, and efforts to eradicate poverty: V. Masson-Delmotte, P. Zhai, H.-O. Pörtner, D. Roberts, J. Skea, P. R. Shukla, A. Pirani, W. Moufouma-Okia, C. Péan, R. Pidcock, S. Connors, J. B. R. Matthews, Y. Chen, X. Zhou, M. I. Gomis, E. Lonnoy, T. Maycock, M. Tignor, and T. Waterfield, eds., Cambridge University Press, 1−24, https://doi.org/10.1017/978 1009157940.001.

Izgec, O., B. Demiral, H. Bertin, and S. Akin, 2008, CO_2 injection into saline carbonate aquifer formations I: Transport in Porous Media, 72, no. 1, 1−24, https://doi.org/10.1007/s11242-007-9132-5.

Jenkins, C., A. Chadwick, and S. D. Hovorka, 2015, The state of the art in monitoring and verification—ten years on: International Journal of Greenhouse Gas Control, 40, 312−349, https://doi.org/10.1016/j.ijggc.2015.05.009.

Jenkins, C., S. Marshall, T. Dance, J. Ennis-King, S. Glubokovskikh, B. Gurevich, T. La Force, L. Paterson, R. Pevzner, E. Tenthorey, and M. Watson, 2017, Validating subsur-face monitoring as an alternative option to surface M&V-The CO2CRC's Otway Stage 3 Injection: Energy Procedia, 114, 3374−3384, https://doi.org/10.1016/j.egypro.2017.03.1469.

Jerkins, A. E., A. Köhler, and V. Oye, 2023, On the potential of offshore sensors and array processing for improving seismic event detection and locations in the North Sea: Geophysical Journal International, 233, no. 2, 1191−1212, https://doi.org/10.1093/gji/ggac513.

Johnson, G., M. Raistrick, B. Mayer, M. Shevalier, S. Taylor, M. Nightingale, and I. Hutch-eon, 2009, The use of stable isotope measurements for monitoring and verification of CO_2 storage: Energy Procedia, 1, no. 1, 2315−2322, https://doi.org/10.1016/j.egy-pro.2009.01.301.

Jones, D. G., S. E. Beaubien, J. C. Blackford, E. M. Foekema, J. Lions, C. De Vittor, J. M. West, S. Widdicombe, C. Hauton, and A. M. Queirós, 2015, Developments since 2005 in understanding potential environmental impacts of CO_2 leakage from geo-logical storage: International Journal of Greenhouse Gas Control, 40, 350−377, https://doi.org/10.1016/j.ijggc.2015.05.032.

Kahneman, D., 2011, Thinking, Fast and Slow: Macmillan.

Karolytė, R., G. Johnson, G. Yielding, and S. M. Gilfillan, 2020, Fault seal modelling—The influence of fluid properties on fault sealing capacity in hydrocarbon and CO_2 systems: *Petroleum Geoscience*, 26, no. 3, 481−497, https://doi.org/10.1144/petgeo2019-126.

Kearey, P., M. Brooks, and I. Hill, 2009, An Introduction to Geophysical Exploration, 3rd ed.: Wiley.

Kiær, A. F., O. Eiken, and M. Landrø, 2016, Calendar time interpolation of amplitude maps from 4D seismic data: Geophysical Prospecting, 64, no. 2, 421−430, https://doi.org/10.1111/1365-2478.12291.

Kolkman-Quinn, B., D. C. Lawton, and M. Macquet, 2023, CO_2 leak detection threshold using vertical seismic profiles: International Journal of Greenhouse Gas Control, 123, 103839, https://doi.org/10.1016/j.ijggc.2023.103839.

Krevor, S., M. J. Blunt, S. M. Benson, C. H. Pentland, C. Reynolds, A. Al-Menhali, and B. Niu, 2015, Capillary trapping for geologic carbon dioxide storage-From pore scale physics to field scale implications: International Journal of Greenhouse Gas Control, 40, 221−237, https://doi.org/10.1016/j.ijggc.2015.04.006.

Krevor, S., H. de Coninck, S. E. Gasda, N. S. Ghaleigh, V. de Gooyert, H. Hajibeygi, R. Juanes, J. Neufeld, J. J. Roberts, and F. Swennenhuis, 2023, Subsurface carbon dioxide and hydrogen storage for a sustainable energy future: Nature Reviews Earth & Envi-ronment, 4, no. 2, 102−118, https://doi.org/10.1038/s43017-022-00376-8.

Krevor, S. C., R. Pini, B. Li, and S. M. Benson, 2011, Capillary heterogeneity trapping of CO_2 in a sandstone rock at reservoir conditions: Geophysical Research Letters, 38, no. 15, https://doi.org/10.1029/2011GL048239.

Lander, R. H., and O. Walderhaug, 1999, Predicting porosity through simulating sand-stone compaction and quartz cementation: AAPG Bulletin, 83, 433-449, https://doi.org/10.1306/00AA9BC4-1730-11D7-8645000102C1865D.

Landrø, M., 2001, Discrimination between pressure and fluid saturation changes from time-lapse seismic data: Geophysics, 66, no. 3, 836-844, https://doi.org/10.1190/1.1444973.

Landrø, M., 2015, 4D Seismic. In: Bjørlykke, K. (Ed.), Petroleum Geoscience, Springer, Berlin, Heidelberg, 489-514.

Landrø, M., B. Foseide, and I. Y. Liu, 2021, Using diving waves for detecting shallow over-burden gas layers: Geophysics, 86, no. 4, B237-B247, https://doi.org/10.1190/geo2020-0618.1.

Landrø, M., H. Mehdizadeh, and A. K. Nguyen, 2004, Time lapse refraction seismic-a tool for monitoring carbonate fields? Paper presented at the 2004 SEG Annual Meeting, Denver, Colorado, October 2004.

Landrø, M., O. A. Solheim, E. Hilde, B. O. Ekren, and L. K. Stronen, 1999, The Gullfaks 4D seismic study: Petroleum Geoscience, 5, no. 3, 213-226, https://doi.org/10.1144/pet-geo.5.3.213.

Landrø, M., D. Wehner, N. Vedvik, P. Ringrose, N. L. Løhre, and K. Berteussen, 2019, Gas flow through shallow sediments—a case study using passive and active seismic field data: International Journal of Greenhouse Gas Control, 87, 121-133, https://doi.org/10.1016/j.ijggc.2019.05.001.

Landrø, M., and M. Zumberge, 2017, Estimating saturation and density changes caused by CO_2 injection at Sleipner-Using time-lapse seismic amplitude-variation-with-offset and time-lapse gravity: Interpretation, 5, no. 2, T243-T257, https://doi.org/10.1190/INT-2016-0120.1.

Lee, W. J., and R. A. Wattenbarger, 1996, Gas Reservoir Engineering, v. 5: Society of Petro-leum Engineers, https://doi.org/10.2118/9781555630737.

Lellouch, A., and B. L. Biondi, 2021, Seismic applications of downhole DAS: Sensors (Basel), 21, no. 9, 2897, https://doi.org/10.3390/s21092897.

Leslie, R., A. J. Cavanagh, R. S. Haszeldine, G. Johnson, and S. M. Gilfillan, 2021, Quanti-fication of solubility trapping in natural and engineered CO_2 reservoirs: Petroleum Geoscience, 27, no. 4, petgeo2020-120, https://doi.org/10.1144/petgeo2020-120.

Leverett, M., 1941, Capillary behavior in porous solids: Transactions of the AIME, 142 (1), 152-169, https://doi.org/10.2118/941152-G.

Lopez, O., N. Idowu, A. Mock, H. Rueslåtten, T. Boassen, S. Leary, and P. Ringrose, 2011, Pore-scale modelling of CO_2-brine flow properties at In Salah, Algeria: Energy Procedia, 4, 3762-3769, https://doi.org/10.1016/j.egypro.2011.02.310.

Lumley, D. E., 2001, Time-lapse seismic reservoir monitoring: Geophysics, 66, no. 1, 50-53, https://doi.org/10.1190/1.1444921.

Madsen, K. N., M. Thompson, T. Parker, and D. Finfer, 2013, A VSP field trial using dis-tributed acoustic sensing in a producing well in the North Sea: First Break, 31, no. 11. Maldal, T., and I. M. Tappel, 2004, CO_2 underground storage for Snøhvit gas field develop-ment: Energy, 29, no. 9-10, 1403-1411, https://doi.org/10.1016/j.energy.2004.03.074.

Mann, P., L. Gahagan, and M. Gordon, 2001, Tectonic setting of the world's giant oil fields: World Oil, 222.10 (October), 78-79, https://doi.org/10.1306/M78834C2.

Martens, S., F. Möller, M. Streibel, A. Liebscher, and T. K. Group, 2014, Completion of five years of safe CO_2 injection and transition to the post-closure phase at the Ketzin pilot site: Energy Procedia, 59, 190–197, https://doi.org/10.1016/j.egypro.2014.10.366.

Martinez, R., K. Duffaut, P. Ringrose, A. Santi, S. David, and T. Trudeng, 2022, Cost-effec-tive seismic surveying for CO_2 storage: Learnings from Smeaheia/Øygarden survey planning: EAGE GeoTech 2022 Sixth EAGE Workshop on CO_2 Geological Storage, vol. 2022, no. 1, 1–5.

Martinez, R., K. Duffaut, A. Stovas, P. Ringrose, and M. Landrø, 2023, Diving-wave time-lapse delay for CO_2 thin layer detection. Manuscript submitted for publication.

Mateeva, A., J. Lopez, H. Potters, J. Mestayer, B. Cox, D. Kiyashchenko, P. Wills, S. Grandi, K. Hornman, B. Kuvshinov, W. Berlang, Z. Yang, and R. Detomo, 2014, Distributed acoustic sensing for reservoir monitoring with vertical seismic profiling: Geophysical Prospecting, 62, no. 4, 679–692, https://doi.org/10.1111/1365-2478.12116.

Mathieson, A., J. Midgley, K. Dodds, I. Wright, P. Ringrose, and N. Saoul, 2010, CO_2 sequestration monitoring and verification technologies applied at Krechba, Algeria: The Leading Edge, 29, no. 2, 216–222, https://doi.org/10.1190/1.3304827.

Matter, J. M., M. Stute, S. Ó. Snæbjörnsdottir, E. H. Oelkers, S. R. Gislason, E. S. Aradottir, B. Sigfusson, I. Gunnarsson, H. Sigurdardottir, E. Gunnlaugsson, G. Axelsson, H. A. Alfredsson, D. Wolff-Boenisch, K. Mesfin, D. Fernandez de la Reguera Taya, J. Hall, K. Dideriksen, and W. S. Broecker, 2016, Rapid carbon mineralization for permanent disposal of anthropogenic carbon dioxide emissions: Science, 352, no. 6291, 1312–1314, https://doi.org/10.1126/science.aad8132.

Mayer, B., P. Humez, V. Becker, C. Dalkhaa, L. Rock, A. Myrttinen, and J. A. C. Barth, 2015, Assessing the usefulness of the isotopic composition of CO_2 for leakage monitoring at CO_2 storage sites: A review: International Journal of Greenhouse Gas Control, 37, 46–60, https://doi.org/10.1016/j.ijggc.2015.02.021.

Metz, B., ed., 2005, Carbon dioxide capture and storage: Special report of the intergovern-mental panel on climate change: Cambridge University Press.

Michael, K., M. Arnot, P. Cook, J. Ennis-King, R. Funnell, J. Kaldi, D. Kirste, and L. Pater-son, 2009, CO_2 storage in saline aquifers I—Current state of scientific knowledge: Energy Procedia, 1, no. 1, 3197–3204, https://doi.org/10.1016/j.egypro.2009.02.103. Michael, K., A. Golab, V. Shulakova, J. Ennis-King, G. Allinson, S. Sharma, and T. Aiken, 2010, Geological storage of CO_2 in saline aquifers—A review of the experience from existing storage operations: International Journal of Greenhouse Gas Control, 4, no. 4, 659–667, https://doi.org/10.1016/j.ijggc.2009.12.011.

Miller, C. C., A. B. Dyes, and C. A. Hutchinson Jr., 1950, The estimation of permeability and reservoir pressure from bottom hole pressure build-up characteristics: Journal of Petroleum Technology, 2, no. 04, 91–104, https://doi.org/10.2118/950091-G.

Miri, R., R. Van Noort, P. Aagaard, and H. Hellevang, 2015, New insights on the physics of salt precipitation during injection of CO_2 into saline aquifers: International Journal of Greenhouse Gas Control, 43, 10–21, https://doi.org/10.1016/j.ijggc.2015.10.004.

Mispel, J., A. Furre, A. Sollid, and F. A. Maaø, 2019, High frequency 3D FWI at Sleipner: A closer look at the CO_2 plume: 81st EAGE Conference and Exhibition 2019, vol. 2019, no. 1, 1–5.

Mora, P., 1987, Nonlinear two-dimensional elastic inversion of multioffset seismic data: Geophysics, 52, no. 9, 1211–1228, https://doi.org/10.1190/1.1442384.

Naylor, M., M. Wilkinson, and R. S. Haszeldine, 2011, Calculation of CO_2 column heights in depleted gas fields from known pre-production gas column heights: Marine and Petroleum Geology, 28, no. 5, 1083–

1093, https://doi.org/10.1016/j.marpetgeo.2010.10.005.

Nazarian, B., and A. K. Furre, 2022, Simulation study of Sleipner plume on entire Utsira using a multi-physics modelling approach: Proceedings of the 16th Greenhouse Gas Control Technologies Conference (GHGT-16), 23–24 October, https://doi.org/10.2139/ssrn.4274191.

Nazarian, B., R. Thorsen, and P. Ringrose, 2018, Storing CO_2 in a reservoir under continu-ous pressure depletion—a simulation study: 14th Greenhouse Gas Control Technolo-gies Conference (GHGT-14), Melbourne, 21–26 October, https://ssrn.com/abstract=3365822.

Nhabanga, O. J., and P. S. Ringrose, 2022, Comparison of shale depth functions in contrast-ing offshore basins and sealing behaviour for CH_4 and CO_2 containment systems: Petro-leum Geoscience, 28, no. 3, petgeo2021-101, https://doi.org/10.1144/petgeo2021-101. Niemi, A., J. Bear, and J. Bensabat, eds., 2017, Geological Storage of CO_2 in Deep Saline Formations: Springer, https://doi.org/10.1007/978-94-024-0996-3.

Nordbotten, J. M., and M. A. Celia, 2006, Similarity solutions for fluid injection into con-fined aquifers: Journal of Fluid Mechanics, 561, 307–327, https://doi.org/10.1017/S0022112006000802.

Nordbotten, J. M., and M. A. Celia, 2012, Geological Storage of CO_2: Modeling approaches for large-scale simulation: John Wiley & Sons.

Nordbotten, J. M., M. A. Celia, and S. Bachu, 2005, Injection and storage of CO_2 in deep saline aquifers: Analytical solution for CO_2 plume evolution during injection: Trans-port in Porous Media, 58, no. 3, 339–360, https://doi.org/10.1007/s11242-004-0670-9.

Nybråten, E., 2022, Factors governing pressure behavior under CO_2 injection in a faulted basin-scale model: Master's thesis, NTNU.

Okwen, R. T., M. T. Stewart, and J. A. Cunningham, 2010, Analytical solution for estimat-ing storage efficiency of geologic sequestration of CO_2: International Journal of Green-house Gas Control, 4, no. 1, 102–107, https://doi.org/10.1016/j.ijggc.2009.11.002.

Oldenburg, C. M., J. L. Lewicki, and R. P. Hepple, Near-surface monitoring strategies for geologic carbon dioxide storage verification: Lawrence Berkeley National Lab. (LBNL), Berkeley, CA, Report LBNL-54089, https://doi.org/10.2172/840984.

Orsini, P., D. Ponting, D. Stone, and B. Nazarian, 2021, An assessment of the CO_2 fate at Smeaheia, a potential large-scale storage site in Norway: 82nd EAGE Annual Confer-ence & Exhibition, vol. 2021, no. 1, 1–5, https://doi.org/10.3997/2214-4609.202011099. Osdal, B., H. M. Zadeh, S. Johansen, R. R. Gonzalez, and G. O. Wærum, 2014, Snøhvit CO_2 monitoring using well pressure measurement and 4D seismic: Fourth EAGE CO_2

Geological Storage Workshop, cp-389, EAGE Publications BV.

Oye, V., B. Dando, A. Wüstefeld, A. Jerkins, and A. Koehler, 2021, Cost-effective baseline studies for induced seismicity monitoring related to CO_2 storage site preparation: Proceedings of the 15th Greenhouse Gas Control Technologies Conference, GHGT-15, 15–18 March.

Pacala, S., and R. Socolow, 2004, Stabilization wedges: Solving the climate problem for the next 50 years with current technologies: Science, 305, no. 5686, 968–972, https://doi.org/10.1126/science.1100103.

Pachauri, R. K., M. R. Allen, V. R. Barros, J. Broome, W. Cramer, R. Christ, J. A. Church, L. Clarke, Q. Dahe, P. Dasgupta, and N. K. Dubash, 2014, Climate change 2014: Synthesis report: Contribution of working groups I, II and III to the fifth assessment report of the Intergovernmental Panel on Climate Change, https://epic.awi.de/id/eprint/37530/.

Papageorgiou, G., and M. Chapman, 2021, Seismic tuning of dispersive thin layers: Geo-physical

Prospecting, 69, no. 3, 622−628, https://doi.org/10.1111/1365−2478.13009.

Parker, J. C., R. J. Lenhard, and T. Kuppusamy, 1987, A parametric model for constitutive properties governing multiphase flow in porous media: Water Resources Research, 23, no. 4, 618−624, https://doi.org/10.1029/WR023i004p00618.

Pau, G. S., J. B. Bell, K. Pruess, A. S. Almgren, M. J. Lijewski, and K. Zhang, 2010, High−resolution simulation and characterization of density−driven flow in CO_2 storage in saline aquifers: Advances in Water Resources, 33, no. 4, 443−455, https://doi.org/10.1016/j.advwatres.2010.01.009.

Pawar, R. J., G. S. Bromhal, J. W. Carey, W. Foxall, A. Korre, P. S. Ringrose, O. Tucker, M.N. Watson, and J. A. White, 2015, Recent advances in risk assessment and risk man−agement of geologic CO_2 storage: International Journal of Greenhouse Gas Control, 40, 292−311, https://doi.org/10.1016/j.ijggc.2015.06.014.

Pedersen, Å. S., H. Westerdahl, M. Thompson, C. Sagary, and J. K. Brenne, 2022, A North Sea case study: Does DAS have potential for permanent reservoir monitoring？: 83rd EAGE Annual Conference & Exhibition, vol. 2022, no. 1, 1−5.

Pratt, R. G., 1999, Seismic waveform inversion in the frequency domain, part 1: Theory and verification in a physical scale model: Geophysics, 64, no. 3, 888−901, https://doi.org/10.1190/1.1444597.

Queißer, M., and S. C. Singh, 2013, Full waveform inversion in the time lapse mode applied to CO_2 storage at Sleipner: Geophysical Prospecting, 61, no. 3, 537−555, https://doi.org/10.1111/j.1365−2478.2012.01072.x.

Raknes, E., B. Arntsen, and W. Weibull, 2015a, Three−dimensional elastic full wave−form inversion using seismic data from the Sleipner area: Geophysical Journal Interna−tional, 202, no. 3, 1877−1894, https://doi.org/10.1093/gji/ggv258.

Raknes, E. B., W. Weibull, and B. Arntsen, 2015b, Seismic imaging of the carbon dioxide gas cloud at Sleipner using 3D elastic time−lapse full waveform inversion: Interna−tional Journal of Greenhouse Gas Control, 42, 26−45, https://doi.org/10.1016/j.ijggc.2015.07.021.

Ranganathan, P., R. Farajzadeh, H. Bruining, and P. L. J. Zitha, 2012, Numerical simulation of natural convection in heterogeneous porous media for CO_2 geological storage: Trans−port in Porous Media, 95, no. 1, 25−54, https://doi.org/10.1007/s11242−012−0031−z.

Rapoport, L. A. 1955, Scaling laws for use in design and operation of water−oil flow mod−els: Petroleum Transactions, 145−150, https://doi.org/10.2118/415−G.

Reynolds, C. A., and S. Krevor, 2015, Characterizing flow behavior for gas injection: Rela−tive permeability of CO−brine and N_2−water in heterogeneous rocks: Water Resources Research, 51, no. 12, 9464−9489, https://doi.org/10.1002/2015WR018046.

Riaz, A., M. Hesse, H. A. Tchelepi, and F. M. Orr, 2006, Onset of convection in a gravita−tionally unstable diffusive boundary layer in porous media: Journal of Fluid Mechan−ics, 548, no. 1, 87−111, https://doi.org/10.1017/S0022112005007494.

Rinaldi, A. P., and J. Rutqvist, 2013, Modeling of deep fracture zone opening and tran−sient ground surface uplift at KB−502 CO_2 injection well, In Salah, Algeria: Interna−tional Journal of Greenhouse Gas Control, 12, 155−167, https://doi.org/10.1016/j.ijggc.2012.10.017.

Ringrose, P. S., 2018, The CCS hub in Norway: Some insights from 22 years of saline aquifer storage: Energy Procedia, 146, 166−172, https://doi.org/10.1016/j.egypro.2018.07.021. Ringrose, P., 2020, How to store CO_2 underground: Insights from early−mover CCS proj−ects: Berlin/Heidelberg, Germany: Springer International Publishing.

Ringrose, P., and M. Bentley, 2021, Models for storage, in Reservoir Model Design: A Prac−titioner's Guide: Springer International Publishing, 251−276, https://doi.org/10.1007/978−3−030−70163−5_7.

Ringrose, P., A. K. Furre, R. Bakke, R. Dehghan Niri, B. Paasch, J. Mispel, et al., 2018, Developing optimised and cost-effective solutions for monitoring CO_2 injection from subsea wells: 14th Greenhouse Gas Control Technologies Conference, Melbourne.

Ringrose, P. S., A. K. Furre, S. M. V. Gilfillan, S. Krevor, M. Landrø, R. Leslie, T. Meckel, B. Nazarian, and A. Zahid, 2021, Storage of carbon dioxide in saline aquifers: Physico-chemical processes, key constraints, and scale-up potential: Annual Review of Chem-ical and Biomolecular Engineering, 12, no. 1, 471–494, https://doi.org/10.1146/annurev-chembioeng-093020-091447.

Ringrose, P., S. Greenberg, S. Whittaker, B. Nazarian, and V. Oye, 2017, Building confi-dence in CO_2 storage using reference datasets from demonstration projects: Energy Procedia, 114, 3547–3557, https://doi.org/10.1016/j.egypro.2017.03.1484.

Ringrose, P., T. Guo, E. Nybråten, N. Thompson, L. Wu, R. Worthington, B. Nazarian, and A. Santi, 2022, Gigatonne-scale CO_2 storage: Analytical frameworks for optimizing multiple projects in sedimentary basins: Sixth International Conference on Fault and Top Seals, vol. 2022, no. 1, 1–5.

Ringrose, P. S., A. S. Mathieson, I. W. Wright, F. Selama, O. Hansen, R. Bissell, N. Saoula, and J. Midgley, 2013, The In Salah CO_2 storage project: Lessons learned and knowl-edge transfer: Energy Procedia, 37, 6226–6236, https://doi.org/10.1016/j.egy-pro.2013.06.551.

Ringrose, P. S., and T. A. Meckel, 2019, Maturing global CO_2 storage resources on offshore continental margins to achieve 2DS emissions reductions: Scientific Reports, 9, no. 1, 17944, https://doi.org/10.1038/s41598-019-54363-z.

Ringrose, P. S., D. M. Roberts, C. M. Gibson-Poole, C. Bond, R. Wightman, M. Taylor, S. Raikes, M. Iding, and S. Østmo, 2011, Characterisation of the Krechba CO_2 storage site: Critical elements controlling injection performance: Energy Procedia, 4, 4672–4679, https://doi.org/10.1016/j.egypro.2011.02.428.

Ringrose, P. S., K. S. Sorbie, P. W. M. Corbett, and J. L. Jensen, 1993, Immiscible flow behaviour in laminated and cross-bedded sandstones: Journal of Petroleum Science and Engineering, 9, no. 2, 103–124.

Rippe, D., M. Jordan, A. Romdhane, C. Schmidt-Hattenberger, M. Macquet, and D. Law-ton, 2018, Accurate CO_2 monitoring using quantitative joint inversion at the CaMI Field Research Station (FRS), Canada: 14th International Conference on Greenhouse Gas Control Technologies, GHGT-14.

Romanak, K. D., P. C. Bennett, C. Yang, and S. D. Hovorka, 2012, Process-based approach to CO_2 leakage detection by vadose zone gas monitoring at geologic CO_2 storage sites: Geophysical Research Letters, 39, no. 15, https://doi.org/10.1029/2012GL052426.

Romdhane, A., E. Querendez, and C. Ravaut, 2014, CO_2 thin-layer detection at the Sleipner field with full waveform inversion: Application to synthetic and real data: Energy Procedia, 51, 281–288, https://doi.org/10.1016/j.egypro.2014.07.033.

Royal Society, 2018, Greenhouse gas removal. Report available at royalsociety.org/green-house-gas-removal raeng.org.uk/greenhousegasremoval.

Rutqvist, J., 2012, The geomechanics of CO_2 storage in deep sedimentary formations: Geotechnical and Geological Engineering, 30, no. 3, 525–551, https://doi.org/10.1007/s10706-011-9491-0.

Seyyedi, M., H. K. B. Mahmud, M. Verrall, A. Giwelli, L. Esteban, M. Ghasemiziarani, and B. Clennell, 2020, Pore structure changes occur during CO_2 injection into carbonate reser-voirs: Scientific Reports, 10, no. 1, 3624, https://doi.org/10.1038/s41598-020-60247-4.

Sharma, S., P. Cook, C. Jenkins, T. Steeper, M. Lees, and N. Ranasinghe, 2011, The CO2CRC Otway Project: Leveraging experience and exploiting new opportunities at Australia's first CCS project site: Energy

Procedia, 4, 5447-5454, https://doi.org/10.1016/j.egypro.2011.02.530.

Shi, J. Q., S. Durucan, A. Korre, P. Ringrose, and A. Mathieson, 2019, History matching and pressure analysis with stress-dependent permeability using the In Salah CO_2 stor-age case study: International Journal of Greenhouse Gas Control, 91, 102844, https://doi.org/10.1016/j.ijggc.2019.102844.

Shook, M., D. Li, and L. W. Lake, 1992, Scaling immiscible flow through permeable media by inspectional analysis: In Situ, 16, no. 4, 311.

Singh, V. P., A. Cavanagh, H. Hansen, B. Nazarian, M. Iding, and P. S. Ringrose, 2010, Reservoir modeling of CO_2 plume behavior calibrated against monitoring data from Sleipner, Norway: SPE Annual Technical Conference and Exhibition, Society of Petro-leum Engineers, https://doi.org/10.2118/134891-MS.

Siqueira, T. A., R. S. Iglesias, and J. M. Ketzer, 2017, Carbon dioxide injection in carbonate reservoirs-a review of CO_2-water-rock interaction studies: Greenhouse Gases: Science and Technology, 7, no. 5, 802-816, https://doi.org/10.1002/ghg.1693.

Smith, N., P. Boone, A. Oguntimehin, G. Van Essen, R. Guo, M. A. Reynolds, L. Friesen, M. C. Cano, and S. O'Brien, 2022, Quest CCS facility: Halite damage and injectivity remediation in CO_2 injection wells: International Journal of Greenhouse Gas Control, 119, 103718, https://doi.org/10.1016/j.ijggc.2022.103718.

Stewart, R. J., V. Scott, R. S. Haszeldine, D. Ainger, and S. Argent, 2014, The feasibility of a European-wide integrated CO_2 transport network: Greenhouse Gases: Science and Technology, 4, no. 4, 481-494, https://doi.org/10.1002/ghg.1410.

Tao, Q., S. L. Bryant, and T. A. Meckel, 2013, Modeling above-zone measurements of pres-sure and temperature for monitoring CCS sites: International Journal of Greenhouse Gas Control, 18, 523-530, https://doi.org/10.1016/j.ijggc.2012.08.011.

Tarantola, A., 1984, Inversion of seismic reflection data in the acoustic approximation: Geophysics, 49, no. 8, 1259-1266, https://doi.org/10.1190/1.1441754.

Taweesintananon, K., M. Landrø, J. K. Brenne, and A. Haukanes, 2021, Distributed acous-tic sensing for near-surface imaging using submarine telecommunication cable: A case study in the Trondheims Fjord, Norway: Geophysics, 86, no. 5, B303-B320, https://doi.org/10.1190/geo2020-0834.1.

Thibeau, S., L. Seldon, F. Masserano, J. Canal Vila, and P. Ringrose, 2018, Revisiting the Utsira saline aquifer CO_2 storage resources using the SRMS classification framework: 14th Greenhouse Gas Control Technologies Conference, Melbourne.

Thibeau, S., L. Chatelan, M. Jazayeri Noushabadi, F. Adler, and F. Millancourt, 2022, Pres-sure-derived storage efficiency for open saline aquifer CO_2 storage: Proceedings of the 16th Greenhouse Gas Control Technologies Conference (GHGT-16), 23-24 October, https://doi.org/10.2139/ssrn.4271670.

Thompson, N., J. S. Andrews, H. Reitan, and N. E. Teixeira Rodrigues, 2022, Data mining of in-situ stress database towards development of regional and global stress trends and pore pressure relationships: Paper presented at the SPE Norway Subsurface Con-ference, Bergen, Norway, April 2022, https://doi.org/10.2118/209525-MS.

Tjaland, N., and L. Ottemoller, 2018, Evaluation of seismicity in the Northern North Sea: technical report, paper number SEG-2004-2295, NNSN, University of Bergen, 10-14. Trevisan, L., R. Pini, A. Cihan, J. T. Birkholzer, Q. Zhou, A. González-Nicolás, and T. H. Illangasekare, 2017, Imaging and quantification of spreading and trapping of carbon dioxide in saline aquifers using meter-scale laboratory experiments: Water Resources Research, 53, no. 1, 485-502, https://doi.org/10.1002/2016WR019749.

Trupp, M., P. Ringrose, S. Hovorka, and S. Whittaker, 2022, Risk-sharing is vital for up-scaling CCS to combat climate change: Proceedings of the 16th International Confer-ence on Greenhouse Gas Control Technologies, http://dx.doi.org/10.2139/ssrn.4284770. Trupp, M., S. Ryan, I. Barranco Mendoza, D. Leon, and L. Scoby-Smith, 2021, Developing the world's largest CO_2 injection system-A history of the Gorgon carbon dioxide injection system: Proceedings of the 15th Greenhouse Gas Control Technologies Conference, 15-18 March, https://doi.org/10.2139/ssrn.3815492.

Van der Meer, L. G. H., 1995, The CO_2 storage efficiency of aquifers: Energy Conversion and Management, 36, no. 6-9, 513-518, https://doi.org/10.1016/0196-8904（95）00056-J.

Van Everdingen, A. F., and W. Hurst, 1949, The application of the Laplace transformation to flow problems in reservoirs: Journal of Petroleum Technology, 1, no. 12, 305-324, https://doi.org/10.2118/949305-G.

Van Genuchten, M. T., 1980, A closed-form equation for predicting the hydraulic conduc-tivity of unsaturated soils: Soil Science Society of America Journal, 44, no. 5, 892-898, https://doi.org/10.2136/sssaj1980.03615995004400050002x.

Vasco, D. W., A. Ferretti, and F. Novali, 2008, Reservoir monitoring and characterization using satellite geodetic data: Interferometric synthetic aperture radar observations from the Krechba field, Algeria: Geophysics, 73, no. 6, WA113-WA122, https://doi.org/10.1190/1.2981184.

Vasco, D. W., A. Rucci, A. Ferretti, F. Novali, R. C. Bissell, P. S. Ringrose, A. S. Mathieson, and I. W. Wright, 2010, Satellite-based measurements of surface deformation reveal fluid flow associated with the geological storage of carbon dioxide: Geophysical Research Letters, 37, no. 3, https://doi.org/10.1029/2009GL041544.

Verdon, J. P., J. M. Kendall, A. L. Stork, R. A. Chadwick, D. J. White, and R. C. Bissell, 2013, Comparison of geomechanical deformation induced by megatonne-scale CO_2 storage at Sleipner, Weyburn, and In Salah: Proceedings of the National Academy of Sciences of the United States of America, 110, no. 30, E2762-E2771, https://doi.org/10.1073/pnas.1302156110.

Vilarrasa, V., D. Bolster, M. Dentz, S. Olivella, and J. Carrera, 2010, Effects of CO_2 com-pressibility on CO_2 storage in deep saline aquifers: Transport in Porous Media, 85, no. 2, 619-639, https://doi.org/10.1007/s11242-010-9582-z.

Vilarrasa, V., and J. Carrera, 2015, Geologic carbon storage is unlikely to trigger large earthquakes and reactivate faults through which CO_2 could leak: Proceedings of the National Academy of Sciences of the United States of America, 112, no. 19, 5938-5943, https://doi.org/10.1073/pnas.1413284112.

Virieux, J., and S. Operto, 2009, An overview of full-waveform inversion in exploration geophysics: Geophysics, 74, no. 6, WCC1-WCC26, https://doi.org/10.1190/1.3238367.

Walderhaug, O., 1996, Kinetic modeling of quartz cementation and porosity loss in deeply buried sandstone reservoirs: AAPG Bulletin, 80, 731-745.

Warner, M., and L. Guasch, 2016, Adaptive waveform inversion: Theory: Geophysics, 81, no. 6, R429-R445, https://doi.org/10.1190/geo2015-0387.1.

Weber, U. W., R. Kipfer, E. Horstmann, P. Ringrose, N. Kampman, Y. Tomonaga, M. S. Brennwald, and A. Sundal, 2021, Noble gas tracers in gas streams at Norwegian CO_2 capture plants: International Journal of Greenhouse Gas Control, 106, 103238, https://doi.org/10.1016/j.ijggc.2020.103238.

Wei, Z., J. Mei, Z. Wu, Z. Zhang, R. Huang, and P. Wang, 2021, FWI imaging: Revealing the unprecedented resolution of seismic data: SEG/AAPG/SEPM First International Meeting for Applied Geoscience & Energy, https://doi.org/10.1190/segam2021-3583772.1.

White, D., K. Harris, L. Roach, B. Roberts, K. Worth, A. Stork, C. Nixon, D. Schmitt, T. Daley, and C. Samson, 2017, Monitoring results after 36 ktonnes of deep CO_2 injec-tion at the Aquistore CO_2 storage site,

Saskatchewan, Canada: Energy Procedia, 114, 4056–4061, https://doi.org/10.1016/j.egypro.2017.03.1546.

White, J. A., L. Chiaramonte, S. Ezzedine, W. Foxall, Y. Hao, A. Ramirez, and W. McNab, 2014, Geomechanical behavior of the reservoir and caprock system at the In Salah CO_2 storage project: Proceedings of the National Academy of Sciences of the United States of America, 111, no. 24, 8747–8752, https://doi.org/10.1073/pnas.1316465111.

White, J. C., G. Williams, and A. Chadwick, 2018b, Seismic amplitude analysis provides new insights into CO_2 plume morphology at the Snøhvit CO_2 injection operation: International Journal of Greenhouse Gas Control, 79, 313–322, https://doi.org/10.1016/j.ijggc.2018.05.024.

White, J., G. Williams, A. Chadwick, A.-K. Furre, and A. Kiær, 2018a, Sleipner: The ongo-ing challenge to determine the thickness of a thin CO_2 layer: International Journal of Greenhouse Gas Control, 69, 81–95, https://doi.org/10.1016/j.ijggc.2017.10.006.

White, J. C., G. A. Williams, S. Grude, and R. A. Chadwick, 2015, Utilizing spectral decom-position to determine the distribution of injected CO_2 at the Snøhvit Field: Geophys-ical Prospecting, 63, no. 5, 1213–1223, https://doi.org/10.1111/1365-2478.12217.

Whittaker, J., A. Goncharov, S. E. Williams, R. D. Müller, and G. Leitchenkov, 2013, Global sediment thickness data set updated for the Australian-Antarctic Southern Ocean: Geochemistry Geophysics Geosystems, 14, no. 8, 3297–3305, https://doi.org/10.1002/ggge.20181.

Widess, M. B., 1973, How thin is a thin bed？: Geophysics, 38, no. 6, 1176–1180, https://doi.org/10.1190/1.1440403.

Wilkinson, M., R. S. Haszeldine, A. E. Fallick, N. Odling, S. J. Stoker, and R. W. Gatliff, 2009, CO_2-mineral reaction in a natural analogue for CO_2 storage—implications for modeling: Journal of Sedimentary Research, 79, no. 7, 486–494, https://doi.org/10.2110/jsr.2009.052.

Will, R., G. El-Kaseeh, P. Jaques, M. Carney, S. Greenberg, and R. Finley, 2016, Microseis-mic data acquisition, processing, and event characterization at the Illinois Basin-Decatur Project: International Journal of Greenhouse Gas Control, 54, 404–420, https://doi.org/10.1016/j.ijggc.2016.01.007.

Williams, G., and A. Chadwick, 2012, Quantitative seismic analysis of a thin layer of CO_2 in the Sleipner injection plume: Geophysics, 77, no. 6, R245–R256, https://doi.org/10.1190/geo2011-0449.1.

Williams, G., and R. Chadwick, 2021, Influence of reservoir-scale heterogeneities on the growth, evolution and migration of a CO_2 plume at the Sleipner field, Norwegian North Sea: International Journal of Greenhouse Gas Control, 106, 103260, https://doi.org/10.1016/j.ijggc.2021.103260.

Worth, K., D. White, R. Chalaturnyk, J. Sorensen, C. Hawkes, B. Rostron, J. Johnson, and A. Young, 2014, Aquistore project measurement, monitoring, and verification: From concept to CO_2 injection: Energy Procedia, 63, 3202–3208, https://doi.org/10.1016/j.egypro.2014.11.345.

Wu, L., R. Thorsen, S. Ottesen, R. Meneguolo, K. Hartvedt, P. Ringrose, and B. Nazarian, 2021, Significance of fault seal in assessing CO_2 storage capacity and containment risks—an example from the Horda Platform, northern North Sea: *Petroleum Geosci-ence*, 27, no. 3, https://doi.org/10.1144/petgeo2020-102.

Zadeh, H. M., and M. Landrø, 2011, Monitoring a shallow subsurface gas flow by time-lapse refraction analysis: Geophysics, 76, no. 6, O35–O43, https://doi.org/10.1190/geo2011-0012.1.

Zadeh, H. M., M. Landrø, and O. I. Barkved, 2011, Long-offset time-lapse seismic: Tested on the Valhall LOFS data: Geophysics, 76, no. 2, O1–O13, https://doi.org/10.1190/1.3536640.

Zahasky, C., and S. Krevor, 2020, Global geologic carbon storage requirements of climate change mitigation scenarios: Energy & Environmental Science, 13, no. 6, 1561–1567, https://doi.org/10.1039/

D0EE00674B.

Zarifi, Z., A. Köhler, P. Ringrose, L. Ottemöller, A-K. Furre, F. Hansteen, A. Jerkins, V. Oye, R. Dehghan Niri, and R. Bakke, 2022a, Background seismicity monitoring to prepare for large-scale CO_2 storage offshore Norway: Seismological Research Letters, Novem-ber 22, 2022.

Zarifi, Z., P. Ringrose, A. Köhler, V. Oye, L. Ottemöller, R. Bakke, E. Rebel, R. Dehghan Niri, M. Sørensen, A. Jerkins, M. Karlsen, and A.-K. Furre, 2022b, Background seismicity monitoring prior to CO_2 injection in the Horda Platform: The HNET project: 16th International Conference on Greenhouse Gas Control Technologies, GHGT-16, 23-27 October, Lyon, France.

Zero Emissions Platform, 2011, The costs of CO_2 capture, transport and storage: Post-Demonstration CCS in the EU, https://zeroemissionsplatform.

Zhang, Z., J. Mei, F. Lin, R. Huang, and P. Wang, 2018, Correcting for salt misinterpreta-tion with full-waveform inversion: SEG Technical Program Expanded Abstracts, 1143-1147, https://doi.org/10.1190/segam2018-2997711.1.

Zhang, Z., Z. Wu, Z. Wei, J. Mei, R. Huang, and P. Wang, 2020, FWI Imaging: Full-wave-field imaging through full-waveform inversion: SEG Technical Program Expanded Abstracts, 656-660, https://doi.org/10.1190/segam2020-3427858.1.

Zhou, Q., J. T. Birkholzer, C. F. Tsang, and J. Rutqvist, 2008, A method for quick assess-ment of CO_2 storage capacity in closed and semi-closed saline formations: Interna-tional Journal of Greenhouse Gas Control, 2, no. 4, 626-639, https://doi.org/10.1016/j.ijggc.2008.02.004.

Zhou, W., R. Brossier, S. Operto, and J. Virieux, 2015, Full waveform inversion of diving reflected waves for velocity model building with impedance inversion based on scale separation: Geophysical Journal International, 202, no. 3, 1535-1554, https://doi.org/10.1093/gji/ggv228.

Zoback, M. D., 2007, Reservoir Geomechanics: Cambridge University Press, https://doi.org/10.1017/CBO9780511586477.

Zoback, M. D., and S. M. Gorelick, 2012, Earthquake triggering and large-scale geologic storage of carbon dioxide: Proceedings of the National Academy of Sciences of the United States of America, 109, no. 26, 10164-10168, https://doi.org/10.1073/pnas.1202473109.

Zweigel, P., R. Arts, A. E. Lothe, and E. B. Lindeberg, 2004, Reservoir geology of the Utsira Formation at the first industrial-scale underground CO_2 storage site (Sleipner area, North Sea): Geological Society of London, Special Publications, 233, no. 1, 165-180, https://doi.org/10.1144/GSL.SP.2004.233.01.11.

Zweigel, P., K. Vebenstad, D. Vazquez Anzola, and A. Lidstone, 2021, Containment risk assessment of the Northern Lights Aurora CO_2 storage site: Proceedings of the 15th Greenhouse Gas Control Technologies Conference, 15-18 March, https://doi.org/10.2139/ssrn.3820888.

致　　谢

非常感谢国际勘探地球物理学家学会（SEG）和国际勘探地球学家学会精品短期课程（SEG DISC）委员会邀请我开设这门杰出讲师短期课程；特别感谢 SEG 的 Susan Stamm 和 Melissa Presson 指导我完成本书，以及在课程准备过程给予我的帮助。此次 SEG DISC 让我有机会将几个新兴主题整合到一本书中，我希望本书可以为世界各地二氧化碳封存项目的发展提供帮助。本书关注的是咸水层中的二氧化碳封存，但这并不意味着其他封存方式不重要（例如，在枯竭油气田或玄武岩地层中封存二氧化碳）。未来几十年，我们需要所有这些封存方式。

本书中包含的大部分内容来自几个工业规模碳捕集与封存项目，特别是开创性的 Sleipner 项目。这些项目基于数百名地球科学家、工程师、项目经理和技术提供商的共同努力。我试图尽可能地引用已发表的资料，但我的许多概念均源于同事们层出不穷的过去和现在的想法，无法一一提及。特别感谢艾奎诺公司（Equinor）及其项目合作伙伴在运营碳捕集与封存项目期间提供的资料和深刻见解。艾奎诺公司研究和技术小组（CCS）的同事们一直在鼓励我，需要时偶尔也会提出批评，在此非常感谢大家。

我在挪威科技大学（NTNU）、爱丁堡大学（University of Edinburgh）和赫瑞－瓦特大学（Heriot-Watt University）的同事也在本书编写过程中提供了重要的意见和想法。特别感谢 Ricardo Martinez（NTNU）和 Martin Landrø（NTNU），他们与我合著了"优化地球物理监测方法"一章，没有他们，该章无法完成！我还必须感谢参加关于"二氧化碳工程地质封存"的 NTNU 众多研究生，他们帮助我专注于正确的问题，深入探讨，并发现错误和修改拼写错误。

最后，我要感谢我的家人 Priscilla、Christy、Juliette、Miriam 和 Daniel，感谢他们耐心地陪伴我，让我可以投入时间和精力"将二氧化碳封存到地下"。生活中其他事情也很重要，但应对能源和气候变化挑战是最重要的。